CARTAS DE UN ASTROFÍSICO

Últimos títulos publicados en esta colección:

NEIL DEGRASSE TYSON

CARTAS DE UN ASTROFÍSICO

Traducción de Sonia Verjovsky

PAIDÓS Contextos

Título original: *Letters from an Astrophysicist*, de Neil deGrasse Tyson

1.ª edición, junio de 2024

La lectura abre horizontes, iguala oportunidades y construye una sociedad mejor.
La propiedad intelectual es clave en la creación de contenidos culturales porque sostiene
el ecosistema de quienes escriben y de nuestras librerías. Al comprar este libro estarás
contribuyendo a mantener dicho ecosistema vivo y en crecimiento. En Grupo Planeta agradecemos
que nos ayudes a apoyar así la autonomía creativa de autoras y autores para que puedan seguir
desempeñando su labor.
Dirígete a CEDRO (Centro Español de Derechos Reprográficos) si necesitas fotocopiar
o escanear algún fragmento de esta obra. Puedes contactar con CEDRO a través de la
web www.conlicencia.com o por teléfono en el 91 702 19 70 / 93 272 04 47.

Epígrafe: 1704 Marzo/Abril, Philosophical Transactions of the Royal Society of London, una carta
al doctor Edward Tyson de William Cowper en la página 1586. Impreso por S. Smith y B. Walford,
Impresores para The Royal Society, Londres.

Fotografía del Cometa Schwassmann – Wachmann 3 en la página 75: © NASA/ JPL-Caltech,
W. Reach (SSC/Caltech).
Fotografía de la Nebulosa de la Hélice en la página 158: © NASA, WIYN, NOAO, ESA, Hubble
Helix Nebula Team, M. Meixner (STScl), y T.A. Rector (NRAO).

© Neil deGrasse Tyson, 2019
© Ediciones Culturales Paidós, S. A. de C. V., 2020
© de la traducción, Sonia Verjovsky, 2020
© de la presente edición,
Editorial Planeta, S. A., 2024
Paidós es un sello editorial de Editorial Planeta, S. A.
Avda. Diagonal, 662-664
08034 Barcelona, España
www.paidos.com
www.planetadelibros.com

ISBN: 978-84-493-4255-4
Maquetación: Realización Planeta
Depósito legal: B. 9.508-2024
Impresión y encuadernación en Huertas Industrias Gráficas, S. A.
Impreso en España – *Printed in Spain*

*Para mi madre, la primera en enseñarme a escribir
con sentido e impacto.
Y para mi padre, cuya experiencia vital al conducirse con otras
personas, lugares y situaciones me confirió la sabiduría necesaria para
conducir mi propia vida.*

Si he sido tedioso en esto, puede servir de pretexto
que no hubo tiempo de hacerlo más breve.

WILLIAM COWPER, 1704

SUMARIO

KAIRÓS

PREFACIO

Ahora que, en buena medida, las personas se comunican a través de las redes sociales, se ha perdido el arte de escribir cartas. Acaso la mayor víctima de ello sea nuestra capacidad, cada vez menor, de encontrar palabras que comuniquen de modo preciso nuestros sentimientos y emociones. ¿Por qué otra razón habríamos de necesitar ese catálogo cada vez más amplio de emoticonos que complementan nuestra correspondencia escrita? La carita feliz. La carita socarrona. El corazoncito. El pulgar levantado. Sin embargo, cuando el mundo estimula tu curiosidad, cuando esa condición de no saber te produce inquietud, cuando tu angustia existencial se desborda..., a veces sientes la necesidad de escribirle a alguien una carta como debe ser.

Este libro contiene una muestra de mi correspondencia (casi toda con desconocidos) en el transcurso de más de dos décadas. La mayoría de las cartas abarcan un periodo de diez años, durante el cual mi dirección de correo electrónico fue pública.* En ese tiempo, casi todas las consultas contenían preguntas simples y directas sobre cuestiones científicas. Los expertos que trabajan en el Planetario Hayden de la ciudad de Nueva York —del que soy di-

---

* Cuando se trata de una carta que no recibí por correo electrónico (por ejemplo, que llegó a través del servicio postal o de las redes sociales), indico el medio.

rector— se encargaban de contestarlas. El corpus de cartas del que se tomaron mis respuestas proviene de esas otras que son más bien de naturaleza personal, incluyendo las que contienen referencias específicas a algún discurso que di, a cierto libro que escribí o a un vídeo en el que aparecí.

Los mensajes que comunican alguna emoción, curiosidad o ansiedad significativa se reproducen completos.* En pos de la brevedad, resumo en un solo párrafo otras cartas que pertenecen más al estilo de quien se va por las ramas. Algunas cartas las escribieron personas que estaban enfadadas con el mundo o por algo que dije o hice. Otras exploran ideas y creencias. Otras son tristes, sensibles y conmovedoras. Y en muchos casos hay un anhelo que todos hemos experimentado en un momento u otro: la búsqueda de significado en nuestras vidas, un impulso perenne por entender el lugar que ocupamos en este mundo y en este universo.

También se han incorporado mensajes que escribí sin dirigirme a nadie en particular, sino a todos. Entre estos se incluyen cartas al editor, principalmente de *The New York Times*, así como cartas abiertas de mi página de Facebook y de otras redes públicas de internet. Una de ellas es una carta exageradamente larga dirigida a mi familia y a mis colegas, escrita el 12 de septiembre de 2001, veinticuatro horas después de haber sido testigo, a una distancia de cuatro manzanas, del ataque y derrumbe de las Torres Gemelas del World Trade Center.

Sobre todo, *Cartas de un astrofísico* es un reflejo de la sabiduría con la que me he armado para enseñar, iluminar y, a fin de cuentas, empatizar con otras mentes curiosas. Es el mundo visto a través de la mirada de un astrofísico y educador. Un mundo que ahora comparto con vosotros.

---

* Las cartas están ligeramente editadas por cuestiones de ortografía y gramática cuando ha sido razonable hacerlo. También se editaron las cartas largas por cuestiones de claridad y extensión. Por otro lado, ¡¡¡casi siempre se dejó intacta la puntuación entusiasta cuando emana de alguna emoción!!!

PRÓLOGO

Memorias, o algo así

FELIZ SEXAGÉSIMO CUMPLEAÑOS, NASA

Lunes, 1 de octubre de 2018
(Publicación de Facebook)

Querida NASA:

¡Feliz cumpleaños! Tal vez no lo sepas, pero tenemos la misma edad. En la primera semana de octubre de 1958 naciste como una agencia espacial civil, a partir de la Ley Nacional del Espacio y la Aeronáutica, mientras que yo nacía de mi madre en el este del Bronx. Así que la celebración de nuestro sexagésimo aniversario compartido me brinda una ocasión única para reflexionar sobre nuestro pasado, presente y futuro.

Yo tenía tres años cuando John Glenn orbitó la Tierra por primera vez. Tenía siete cuando perdiste a los astronautas Grissom, Chaffee y White en aquel trágico incendio de la cápsula del Apolo 1 en la plataforma de lanzamiento. Tenía diez cuando mandaste a Armstrong, Aldrin y Collins a la Luna; y catorce cuando cancelaste totalmente los viajes a nuestro satélite. En esos tiempos me emocionaba por ti y por Estados Unidos. Pero el entusiasmo indirecto provocado por el viaje, tan extendido en los corazones y las mentes de otros, estaba ausente de mis emociones. Obviamente era demasiado joven para ser astronauta, pero también sabía que el color de mi piel era demasiado oscuro para que me imaginaras como parte de esa aventura épica. Y no solo eso: aunque eras una agencia civil, tus astronautas más célebres eran pilotos militares, en un momento en el que la guerra se estaba volviendo cada vez menos popular.

Durante los años sesenta, el movimiento por los derechos civiles fue más real para mí de lo que seguramente fue para ti. De hecho, fue necesaria una directiva del vicepresidente Johnson en 1963 para obligarte a contratar a ingenieros afroamericanos para trabajar en tu prestigioso Centro Marshall de Vuelos Espaciales en Huntsville, Alabama. Encontré la correspondencia en tus archivos, ¿te acuerdas? James Webb, en ese entonces director de la NASA, escribió al pionero aeroespacial alemán Wernher von Braun, que dirigía el centro y era el ingeniero en jefe del programa espacial tripulado en su totalidad. De modo audaz y tajante, la carta ordenaba a Von Braun que atendiera la «falta de igualdad de oportunidades en el empleo para los negros [*sic*]» de la región, y que colaborara con Alabama A&M y Tuskegee Institute, universidades de la zona, para identificar, entrenar y reclutar a ingenieros afroamericanos cualificados para que se unieran a la familia de la NASA en Huntsville.

En 1964, cuando tú y yo todavía no cumplíamos seis años, vimos manifestantes fuera del complejo de apartamentos recién construidos en el barrio de Riverdale, en el Bronx. Estaban protestando para evitar que allí se mudaran familias afroamericanas, incluida la mía. Celebro que fracasaran en sus intentos. Estos edificios se llamaron, quizá proféticamente, Skyview Apartments, o apartamentos con vista al cielo, en cuyo techo, veintidós pisos sobre el Bronx, apuntaría mi telescopio hacia el universo.

Mi padre participaba activamente en el movimiento por los derechos civiles; trabajaba para el alcalde Lindsay, de la ciudad de Nueva York, para crear oportunidades laborales para los jóvenes del gueto, como llamaban en aquel entonces a los barrios pobres del centro de la ciudad. Eran descomunales las fuerzas que se oponían a sus esfuerzos año tras año: escuelas malas, maestros malos, recursos escasos, racismo abyecto y líderes asesinados. Así, mientras tú celebrabas tus avances mensuales en la exploración espacial desde el Programa Mercury hasta el Gemini y el Apolo, yo observaba cómo Estados Unidos hacía lo que podía para marginar todo lo que yo era y deseaba ser en esta vida.

Acudí a ti para que me guiaras, para tener una visión estratégica que pudiera adoptar para alimentar mis ambiciones. Pero no estuviste ahí para mí. Claro, no debería culparte de los infortunios de la sociedad. Tu conducta era un síntoma de los hábitos de Estados Unidos, no una causa. Yo lo sabía. De todos modos, es importante que sepas que de entre mis colegas soy uno de los poquísimos de mi generación que se volvieron astrofísicos, a pesar de —y no gracias a— tus logros en el espacio. Para inspirarme, me volqué en las bibliotecas, en los libros sobre el cosmos que hallé en los saldos de las librerías, en mi telescopio en la azotea y en el Planetario Hayden. Después de algunos tropiezos en mis años escolares, cuando mis ambiciones a veces parecían el camino de mayor resistencia ante una sociedad hostil, me convertí en científico profesional. En astrofísico.

Has llegado muy lejos en las décadas posteriores. Quien no reconozca aún el valor de esta aventura para el futuro de nuestra nación pronto lo hará, a medida que el resto del mundo desarrollado y en vías de desarrollo nos vaya superando en cada uno de los parámetros que miden el poder tecnológico y económico. No solo eso: en estos días te estás pareciendo mucho más a Estados Unidos, desde tus administradores de mayor jerarquía hasta tus astronautas más condecorados. Felicidades: ahora perteneces a toda la ciudadanía. Abundan ejemplos de esto, pero recuerdo en especial cuando el público se adueñó del telescopio Hubble, tu misión no tripulada más querida. Todos levantaron la voz allá en 2004 y, a fin de cuentas, lograron que se diera marcha atrás cuando se amenazó con que al telescopio no se le daría el mantenimiento necesario por cuarta vez para extender su vida una década más. Esas imágenes trascendentales del cosmos tomadas por el Hubble nos inspiraron a todos, así como lo hicieron los perfiles individuales de los astronautas del transbordador espacial que fueron enviados para realizar el mantenimiento y los de los científicos que se beneficiaron de su flujo de datos.

No solo eso: incluso me había unido a las filas de tus personas de más confianza cuando serví con diligencia en tu prestigioso Comité Asesor. Llegué a reconocer que, cuando estás en tu mejor momento, no hay nada en este mundo que pueda inspirar, como tú, los sueños de una nación: sueños alimentados por una red de estudiantes llenos de ambición, ansiosos por volverse científicos, ingenieros y tecnólogos al servicio de la búsqueda más grandiosa que jamás haya existido. Has llegado a representar una parte fundamental de la identidad de Estados Unidos no solo dentro del país, sino frente al mundo.

Así, mientras los dos cumplimos sesenta años y comenzamos nuestro sexagésimo primer viaje alrededor del Sol, quiero que sepas que comparto tu dolor y tus dichas. Y espero con ansias volver a verte en la Luna. Pero no te detengas ahí. Marte llama, así como otros destinos más lejanos.

Compañera de cumpleaños, aunque no siempre lo haya sido, hoy soy tu más humilde servidor, y lo seré para siempre.

NEIL DEGRASSE TYSON,
ciudad de Nueva York

ETHOS

El espíritu característico de una cultura, manifestado en sus creencias y aspiraciones

Esperanza

Es lo único que te queda cuando te das cuenta de que no posees el control total de los resultados. Pero ¿de qué otra manera podemos lidiar con los retos de la vida?

COMA

Domingo, 25 de febrero de 2007

Estimado señor Tyson:
Desde hace mucho tengo la sospecha de que vivimos en un universo que nos quiere matar, así que no me sorprende que usted diga esto mismo en sus conferencias, pero ¿dónde está la esperanza, o acaso no la hay?
En 2001 pasé trece días en coma y volví milagrosamente a la vida para continuar con mi amado esposo. Él me cantó una canción de amor y me invitó a volver; yo abrí los ojos y le sonreí. Sin embargo, he cambiado para siempre debido a la cantidad de información con la que volví de esa experiencia, y mucha de la cual no fue buena. En su opinión, ¿la mayor parte de eso que está allá fuera es la

parte «no buena»? Si es así, ¿cómo disfruta de la vida, o acaso no lo hace?

Mis más cordiales saludos,

SHEILA VAN HOUTEN

Estimada señora Van Houten:

Veo dos tipos de esperanza. Una de ellas es religiosa: uno reza o lleva a cabo un rito cultural para que las cosas mejoren. Sin embargo, hay otro tipo de esperanza: es el reto de aprender sobre el mundo real y utilizar nuestra inteligencia para cambiar las cosas para bien. De este modo, el que se empodera es el individuo para traer esperanza al mundo.

Así pues, sí, el universo nos quiere matar. Pero, por otro lado, todos queremos vivir. Así que juntos encontraremos la manera de desviar los asteroides, de encontrar la cura para el próximo virus letal, de mitigar huracanes, tsunamis, volcanes, etcétera. Esto solo será posible mediante los esfuerzos de una población con conocimientos científicos y tecnológicos.

Ahí subyace una esperanza en la Tierra mucho mayor que cualquiera que haya sido promovida por un acto de oración o de introspección.

Atentamente,

NEIL DEGRASSE TYSON

MIEDO

Domingo, 5 de julio de 2009

Estimado señor Tyson:

Lo acabo de ver en la televisión pública. Admiro lo lejos que ha llegado en la vida. Siempre he intentado ayudar a los demás. Tengo treinta y ocho años, tres hijos y soy estudiante a tiempo completo. Nací y crecí en un pueblecito de unas mil quinientas personas. Cuando mi matrimonio se desmoronó tras dieciséis años, decidí completar mi bachillerato en ciencias aplicadas y solicitar mi admisión en la Escuela de Trabajo Social de la Universidad de Washington.

Me voy a mudar a Snohomish el primero de agosto y no tengo trabajo, pero he estado enviando solicitudes cada día para todo lo que puedo hacer. Cuando usted habló de la ambición, me tocó una fibra muy sensible. Tengo tres hijos que alimentar y lo único que quiero hacer es trabajar y estudiar. Mi pasión son los servicios humanos, y me he dedicado a los cuidados paliativos y de personas de la tercera edad, pero sería capaz de trabajar en la industria de comida rápida para llegar a donde tengo que estar.

Todo el tiempo me preocupa no poder mantener a mis hijos y me aterra mudarme, pero no dejaré que eso me detenga. No importa si tengo que volver a solicitar el ingreso en la Universidad de Washington cada año hasta cumplir los setenta; asistiré y me abriré paso hasta licenciarme. Solo que no sé cómo deshacerme de este miedo que siento en la boca del estómago cuando pienso que me mudaré y caeré de bruces.

Tengo el impulso y la determinación. Solo necesito un golpe de suerte: no quiero que me regalen nada; solo quiero un trabajo. No quiero nada gratis. Solo busco una oportunidad de abrirme paso trabajando.

No sé por qué le estoy escribiendo. No quiero nada; solo que alguien escuche mis temores. No tengo a nadie a quién contárselos, y tal vez usted pueda entenderlos.

Gracias por tomarse el tiempo de leer esto.

LISA KALMA

Querida Lisa:

La gente que fracasa en esta vida es aquella cuyas ambiciones son insuficientes para superar todas las fuerzas que obran en su contra. Y, sí, el fracaso es algo que todos tenemos en común. Pero la gente ambiciosa utiliza sus fracasos como lecciones a las que hay que prestar atención mientras sigue avanzando hacia sus metas.

No tengas miedo ni al cambio ni al fracaso. Lo único que hay que temer es la pérdida de la ambición. Pero si tienes mucha, entonces no tienes absolutamente nada que temer.

Buena suerte en tu travesía. Mientras, te ofrezco un pasaje de mis memorias, *The Sky Is Not the Limit* [El cielo no es el límite]:*

> *Más allá del juicio de los demás,*
> *alzándose sobre el cielo,*
> *yace el poder de la ambición.*

Te deseo lo mejor, en la Tierra y en el universo.

NEIL

PERDER MI RELIGIÓN

Domingo, 29 de abril de 2009

Estimado doctor Tyson:

Crecí en un rancho ganadero en las montañas de Carolina del Norte, y a veces pensaba que tenía una maldición o alguna discapacidad, porque simplemente no puedo creer en un poder superior.

---

* Neil deGrasse Tyson, *The Sky Is Not the Limit: Adventures of an Urban Astrophysicist*, Amherst, Nueva York, Prometheus Books, 2004.

Iba a la iglesia, al catecismo, y estaba rodeado por la religión en to-
das las facetas de mi vida, pero algo en mí seguía haciéndose pre-
guntas.

Recuerdo haber tenido que mentir sobre mis creencias, haber
deseado darme por vencido (a veces, incluso cayendo en el llanto) y
pensar que, si mentía lo suficiente, con el tiempo podría llegar a
creer. Sin embargo, me echaron de catequesis por «hacer demasia-
das preguntas».

Pero entonces comencé a descubrir a otros como yo (aunque mu-
cho más inteligentes y educados). Solo quería darle las gracias: sus
palabras pueden tener un impacto mucho mayor del que se imagina.
Usted (y otros) dan a la gente que vive geográficamente aislada la
esperanza de afirmarse en sus creencias y seguir haciéndose pregun-
tas. Sé que es científico y un maestro, pero, para algunas personas,
usted simboliza además la esperanza.

GEORGE HENRY WHITESIDES

Estimado señor Whitesides:

Gracias por compartir su historia.

Nunca ha sido (ni es) mi intención cambiar el sistema de
creencias de nadie en un sentido u otro. Mi meta es simplemente
empoderar a las personas para que piensen por sí mismas, en vez
de que otros piensen por ellas. En su interior florece el *alma* del
escepticismo y el *espíritu* de la indagación libre.

Me complace haber nutrido el crecimiento de estos valores en
usted.

Como decimos en el cosmos: siga mirando hacia arriba.

NEIL DEGRASSE TYSON

Sobre ser afroamericano

Marc veía la calidad de mi trabajo como una buena señal del cambio de los tiempos, pero estaba seguro de que yo había sido víctima, y de que lo seguía siendo, de sesgos y prejuicios raciales. Él ansiaba que llegara el día en que el color de la piel se volviera una referencia irrelevante para la identidad de una persona. En vísperas de la Navidad de 2008 me preguntó sobre mis vivencias como científico afroamericano.

Estimado Marc:

Gracias por tu mensaje.

Me agrada informarte de que las referencias a mí como científico afroamericano en la actualidad son extremadamente raras, lo suficiente como para sorprenderme de que siquiera lo menciones. Claro que si eso es lo que sugiere tu experiencia personal, yo no puedo hacer que tu impresión desaparezca mediante razonamientos, pero hay otros factores que son fuertes indicadores de lo que sostengo.

Volvamos atrás unos cuantos años. Por ejemplo, en 2001, cuando la Casa Blanca me nombró para que participara en una comisión de doce miembros para que estudiaran el futuro de la industria aeroespacial de Estados Unidos, algunos (en especial los críticos de George W. Bush) se apresuraron a decir: «Lo que pasa es que necesitaban a una persona afroamericana». Sin embargo, cuando observabas de cerca a los miembros de la comisión, yo era el único académico y además no era la única persona afroamericana, la otra era un general de cuatro estrellas de la Fuerza Aérea. Así que la crítica se evaporaba tras un análisis.

En otra ocasión, en 1996, cuando asistía a una gala nocturna de mi museo* (en aquel entonces yo era un desconocido para el pú-

---

* American Museum of Natural History (AMNH), ubicado en la ciudad de Nueva York, donde desempeño el cargo de director del Planetario Hayden en el Centro Rose para la Tierra y el Espacio desde 1996.

blico en general), una mujer estrecha de miras que estaba en mi mesa observó que yo trabajaba en el museo; sin embargo, solo habíamos acudido a la cena los administradores de alto rango de la institución, así que ella de inmediato supuso que yo era el director de Asuntos de la Comunidad o algún cargo parecido que típicamente se reserva a las personas afroamericanas. Le contesté que era astrofísico, director del Planetario Hayden y uno de los científicos de los proyectos del Centro Rose para la Tierra y el Espacio (que estaba en construcción); después de eso, no supo qué más decir durante el resto de la velada.

Escenas así eran comunes entonces, pero ahora ya no, excepto, tal vez, entre gente mayor cuya experiencia de vida fue moldeada por unos Estados Unidos en «blanco y negro», más que, simplemente, por Estados Unidos. En años recientes, algunas destacadas menciones biográficas sobre mí ya no mencionan mi color de piel.*

Las tendencias, pues, no apoyan la impresión que sostienes, o tal vez indica que tu experiencia no representa las tendencias y verdades que prevalecen en la actualidad.

Gracias por tus comentarios solidarios y, aunque la lucha sigue, los tiempos, sin duda, están cambiando.

NEIL deGRASSE TYSON

SOBRE EL COCIENTE INTELECTUAL

Marc me escribió apenas unos días después, en esta ocasión preguntándose sobre la diferencia en las puntuaciones del cociente intelec-

---

* Por ejemplo, «100 Most Influential People in the World» [Las cien personas más influyentes del mundo], en la revista *Time*, en 2007; o «10 Most Influential People in Science» [Las diez personas más influyentes en la ciencia], en la revista *Discover*, en 2008.

tual (CI) entre personas afroamericanas y de tez blanca. Es un tema que debatía a menudo con amigos y familiares, y buscaba más argumentos que lo ayudaran a argumentar.

Estimado Marc:

El tema va más allá de la comparación entre raza y CI. Tiene más que ver con siquiera medir el CI. Echa un vistazo al libro *Genius Revisited: High IQ Children Grown Up* [Genio revisitado: niños con alto CI ya adultos], en el que se investigó qué fue de cientos de estudiantes de primaria del Hunter College, en la ciudad de Nueva York, una escuela pública selecta donde los alumnos tienen un CI promedio de +150.

Uno podría imaginarse grandes logros después de rastrearlos hasta la edad adulta. Pero no es así. No hubo premios Nobel. No hubo ganadores del premio Pulitzer. De hecho, ninguno obtuvo ninguna distinción singular en su campo. Por otro lado, todos son exitosos si se consideran los indicadores normales de la sociedad norteamericana: están felizmente casados, con trabajos seguros como directivos o gestores, son dueños de sus propias casas, etcétera. Pero uno no puede evitar reflexionar sobre lo que distingue a las personas singularmente exitosas de otras, ya que si el CI importara tanto como sostienen los charlatanes, entonces *todos* los que destacan por sus logros sociales serían personas superdotadas. Pero los datos muestran que este no es el caso.

El CI se relaciona estrechamente con el promedio de calificaciones en bachillerato y en la universidad; pero, después de tu primer trabajo, nadie te vuelve a preguntar cuál fue tu promedio de la universidad. Lo que importa es tu don de gentes, tus cualidades de líder, tus habilidades en la resolución de problemas del mundo real, integridad, visión de los negocios, fiabilidad, ambición, ética laboral, gentileza, compasión, etcétera. Así que, para mí, las conversaciones sobre raza y CI no tienen importancia práctica, como tampoco las conversaciones sobre raza y color del cabello, o raza y preferencias alimentarias.

No conozco mi CI. Nunca me lo han medido. Estaba en el puesto 350, más o menos, de 700 en mi clase de preparatoria cuando me gradué. Así pues, pocos de mis profesores (o compañeros de clase) habrían dicho de mí que «llegaría lejos». ¿Por qué? Porque el sistema educativo se obsesiona con las calificaciones de las pruebas. Sin embargo, durante dos años seguidos, he aparecido en la lista de los «cien de Harvard», una compilación de los graduados vivos más influyentes de esta universidad.

Buena suerte con tus conversaciones con la familia. Con gusto haré el intento de responder si es que alguno llegara a tener alguna pregunta. Pero me queda claro que ahí fuera hay temas más importantes para debatir que el CI.

NEIL DEGRASSE TYSON

CIENTO SESENTA KILÓMETROS POR HORA

Jueves, 3 de mayo de 2012

¿Cómo va todo, Ty? Siento que te puedo llamar así, porque es como si ya te conociera.

Podría asegurar que he visto casi cada segundo de todos tus vídeos de YouTube. Iría a tus conferencias, pero mi trabajo requiere que viaje mucho. Mi nombre es Jarrett Burgess y juego al béisbol de manera profesional. Te envío un correo electrónico porque desde que tenía cuatro años quería ser astronauta. Me inspiraste y me diste confianza para hacer lo que amo, a pesar de las presiones públicas y familiares para que jugara al béisbol. Quiero que me conozcan por mis descubrimientos y marcar una diferencia para la ciencia. No quiero que el béisbol me defina.

Sigue con tus vídeos: estás llegando incluso a gente como yo. Sí, puedo lanzar una pelota de béisbol a ciento sesenta kilómetros por hora desde fuera del campo, correr 60 yardas en 6,2 segundos y pegarle a la pelota para que llegue a más de ciento veinte metros. Pero quiero perseguir mis objetivos en la ciencia. Necesito ayuda y una guía para saber por dónde comenzar. Tengo veintiún años y soy una persona con una gran dedicación e integridad y, lo más importante, con una imaginación asombrosa. Amo el cosmos.

Por favor, Neil, ayúdame de cualquier manera que puedas. Lo agradeceré mucho.

Jarrett Burgess

Estimado Jarrett:

Gracias por ese extraordinario deseo de conectarte con el cosmos. Expresas un dilema que aflige a muchas personas en la sociedad: ¿deberías dedicarte a lo que haces mejor, a lo que otros esperan de ti o hacer lo que más amas?

Me encanta el béisbol (hay varias docenas de tuits míos sobre el tema), así que me costaría mucho decirte que te olvidaras de tu brazo capaz de lanzar a ciento sesenta kilómetros por hora y estudiaras el universo. Además, da la casualidad de que también amo lo que hago y, por esa razón, tengo el deseo personal y el incentivo de volverme mejor en ello cada día, sin límite.

Si mal no recuerdo, los jugadores de las ligas menores casi no ganan nada. Así que tu tiempo en el llamado *farm system* («sistema de la granja») está concebido para afinar tus habilidades mientras esperas a que te recluten, y no para acumular riqueza. Me parece que, en vez de ello, podrías haber ido a una buena universidad que cuente con un equipo de béisbol y donde pudieras competir a la vez que estudias Astrofísica. Si la memoria no me engaña, Roger Clemens fue pícher de la Universidad de Texas en Austin a principios de la década de 1980. Llevó al equipo a las competiciones nacionales y luego entró en las grandes ligas.

En la década de 1980, Brian May tuvo una exitosa carrera como abundante en el universo y que es el elemento químico más fértil de la tabla periódica. Así que esa es la razón de que hayamos comenzado por ahí.

NEIL

Avistamientos de ovnis

Después de elogiar mi trayectoria profesional, Trenton Jordan comentó que estaba perdiendo su escepticismo con respecto a los ovnis. ¿La causa? Vídeos recién publicados de las misiones de transbordador en los que había objetos inexplicables que revoloteaban en el exterior de las ventanillas. Era consciente de la existencia de chatarra espacial e imaginaba otras explicaciones posibles, pero se convenció de que la NASA debía de estar escondiendo información sobre los extraterrestres que el público merece saber. Me escribió en julio de 2008 en busca de argumentos que pudieran acallar su escepticismo.

Estimado señor Jordan:

Agradezco sus amables palabras sobre la obra de mi vida; las recibo con gusto.

En cuanto a su escepticismo evanescente sobre los alienígenas que nos visitan: cuando uno ve figuras o luces que vuelan por el aire o por el espacio, y no sabe lo que son, estas se convierten en objetos volantes no identificados (ovnis), con énfasis en lo de «no identificados». A grandes rasgos, estos avistamientos se dividen en cuatro categorías:

1. El observador está loco o delirando.
2. El observador ve e informa sin precisión, confundiendo lo que sería una simple descripción de fenómenos naturales.
3. El observador ve e informa con precisión, pero no está lo su-

ficientemente familiarizado con los fenómenos naturales, de modo que se queda perplejo por lo que observa.

4. El observador ve e informa de forma precisa algo que desafía cualquier explicación normal o convencional, lo que constituye un misterio genuino.

Tenga en cuenta que el testimonio de un testigo ocular es, con mucho, la prueba más débil que una persona pueda presentar para apoyar una afirmación. A pesar del alto valor que se le concede en los tribunales legales, en el tribunal de la ciencia el testimonio ocular es en esencia inútil. Desde hace bastante tiempo, los psicólogos saben lo ineficaces que son los sentidos humanos como dispositivos para recopilar datos. Tenga en cuenta que en este caso es irrelevante el «pedigrí» del observador: mientras él o ella sea humano, la falibilidad de su observación es evidente.

Considere, además, que las afirmaciones de un «encubrimiento» o «conspiración» son el grito de guerra de la gente que quiere creer pese a la insuficiencia de los datos que apoyan plenamente sus afirmaciones.

Otra deficiencia bien conocida de la mente humana es la falacia que los psicólogos y filósofos han denominado *llamada a la ignorancia*. Los casos que la NASA describe se acercan a la categoría número 4 de la enumeración anterior, ya que tenemos vídeos de fenómenos extraños que, en general, tomamos como confiables y que nos recuerdan de nuevo qué significa el «no identificado» de *ovni*. Una vez que uno confiesa que no sabe lo que está viendo, no hay una línea lógica de razonamiento que le permita declarar que sí sabe lo que está viendo. Y eso incluye aseveraciones de que las formas voladoras «deben» ser extraterrestres, inteligentes y avanzados tecnológicamente, de planetas distantes, que observan en secreto el comportamiento de los terrícolas. Solo se tienen pruebas insuficientes para hacer ese salto, no importa lo tentador que nos resulte.

Una llamada a la ignorancia parecida surge del Big Bang. Cuando me preguntan qué había antes del Big Bang, digo: «Aún no lo sabemos». A menudo la respuesta es: «Debía de haber algo; seguramente, Dios». Pasar del «no lo sabemos» al «debe de ser Dios» es otro ejemplo de la falacia de la llamada a la ignorancia. Este tipo de desconexión no tiene lugar en las investigaciones racionales, pero permea de modo permanente los pensamientos y las afirmaciones de personas que creen lo que quieren creer.

Así que si los misteriosos objetos voladores realmente resultan ser producto de extraterrestres inteligentes, eso no se habrá demostrado gracias a alguna observación que se haya presentado hasta ahora. Lo que se requiere para llegar a las conclusiones que usted busca son pruebas mucho mejores que sobrevivan al tribunal de la ciencia; por ejemplo, extraterrestres que visiten múltiples agencias y medios, y demuestren su tecnología en la televisión nacional, que acompañen al presidente y a la primera dama en una cena de Estado o en una merienda en el Jardín de Rosas de la Casa Blanca, que permitan que se les haga una tomografía en el centro médico Johns Hopkins para que aprendamos sobre su fisiología, que sometan alguno de sus dispositivos de comunicación u otro tipo de aparato a nuestros laboratorios de investigación más respetados. El día en el que lleguen pruebas reales, no habrá necesidad de hacer desfilar a testigos oculares de alto rango por audiencias del Congreso sobre el tema.

Hasta que esto suceda, los avistamientos de ovnis de la categoría 4 simplemente son luces y formas intrigantes y sin identificar que hay en el cielo: dignos de mayores estudios, tal vez, como cualquier misterio de la ciencia, pero sin que los teóricos de la conspiración invoquen el encubrimiento como una manera de tapar cualquier hueco en los datos y se convenzan de lo que ya estaban seguros de que era cierto.

¿Debería la NASA destinar fondos al estudio de esos misteriosos objetos reflectantes visibles desde la ventanilla de las naves espaciales? Estaría bien contar algún día con un dispositivo de radar que constantemente monitoreara y fotografiara cualquier cosa de cualquier tamaño que se acercara a la nave. Pero suceden tantas cosas en el exterior, al otro lado de la ventanilla de una nave: herramientas caídas, trocitos de pintura descascarillada, partículas de combustible de las emisiones de escape que pasan flotando. Sin mencionar las condiciones de luz, siempre cambiantes y rápidas.

En resumen, si quiere que se investiguen los ovnis con fondos públicos debido a la posibilidad de que haya visitas extraterrestres, entonces se necesitan pruebas muchísimo mejores que justifiquen hacerlo.

Gracias por su interés.

NEIL DEGRASSE TYSON

UN PATRÓN RESPLANDECIENTE EN EL CIELO

En marzo de 2005, Dave Halliday, de Nueva Jersey, escribió sobre cómo una noche, en su adolescencia, a mediados de la década de 1970, estaba mirando hacia el norte cuando fue testigo de lo que parecía ser una estrella rodeada de rayos anaranjados que se proyectaban hacia fuera. En aquel momento supuso que, probablemente, estaba viendo un planeta bombardeado por una lluvia de meteoros. Se había guardado esta misteriosa visión durante tres décadas y se preguntaba si yo podría arrojar un poco de luz sobre lo que había visto.

Estimado señor Halliday:

Me pregunta usted sobre avistamientos de rayos anaranjados en los setenta. No hay nada más voluble y poco fiable que un testigo ocular, sin importar el pedigrí de la persona que hizo la observación. Por eso el testimonio ocular es la forma menos fiable como

de los gastos militares, cuyo presupuesto anual es de 400.000 millones de dólares.* Así que tal vez deberíamos preguntarnos si existe alguna fracción del presupuesto militar que habría que reservar para investigaciones marginales. Hace poco reuní varias páginas de citas vergonzosamente erróneas de distintas personas (muchas de las cuales deberían haber sido más sensatas) sobre lo que era o no posible en el campo del transporte. Aquí van algunos ejemplos:

> Es absolutamente imposible que el hombre se levante en el aire y se quede allí flotando. Para hacerlo, se necesitarían alas de dimensiones tremendas y tendrían que moverse a una velocidad de casi un metro por segundo. Solo un tonto esperaría que se pueda hacer algo así.
>
> JOSEPH DE LALANDE,
> matemático de la Academia Francesa, 1782

> ¿Qué puede ser más obviamente absurdo que la posibilidad de que las locomotoras viajen al doble de la velocidad que las diligencias?
>
> *The Quarterly Review*, 1825

> Los hombres pueden esperar viajar a la Luna tanto como cruzar el tormentoso océano Atlántico Norte en barco de vapor.
>
> DIONYSIUS LARDNER,
> astrónomo, 1838

---

* El presupuesto militar de Estados Unidos para 2004 fue de 400.000 millones de dólares. Desde entonces, el presupuesto aumentó a 600.000 millones, por mucho, el mayor del mundo: tres veces el del país que le sigue (China) y más que los siguientes diez países unidos.

El hombre no volará hasta dentro de cincuenta años.

WILBUR WRIGHT a su hermano Orville, 1901

La idea fantasiosa de llegar a la Luna no tiene esperanza debido a las barreras insuperables de escapar de la gravedad de la Tierra.

F. R. MOULTON,
astrónomo de la Universidad de Chicago, 1932

Claro, a fin de cuentas estas citas tienen que ver con los límites percibidos de nuestra tecnología y no con las leyes de la física en sí, pero el público (que financia al Ejército) no traza esta distinción. ¿Qué nos parecería que un físico se parara frente al Comité de Servicios Armados del Congreso y declarara: «No gasten un centavo en teletransporte psíquico; jamás funcionará», y a la vez confesara: «Pero sí, el teletransporte cuántico es real»?

En contraste con la era de la Guerra Fría, la Fuerza Aérea de hoy es, en líneas generales, frugal. Ellos, por ejemplo, abandonaron el transbordador espacial como la plataforma principal de lanzamiento de sus satélites, argumentando el coste nada razonable, comparado con los cohetes sin tripulación. Esto a pesar de haber influido en el diseño original del transbordador para ponerlo al servicio de sus necesidades. Otra manifestación de esta frugalidad es que, si financia una investigación y encuentra que algún proceso o mecanismo no funciona, no lo volverá a pagar.

Así que no tengo una respuesta fácil para la cuestión que planteas, más allá de que bajar los 7,5 millones de dólares a cero, además de ser imposible, tiene un alto coste social y político.

NEIL

Universo paralelo

En los años noventa, mientras trabajaba tras bambalinas en un teatro, Corinne experimentó un fenómeno inexplicable: vio una versión masculina de ella que la miraba directamente, vestía igual que ella y caminaba en la misma dirección. Él la miraba con no menos fascinación que la que ella demostraba. Corinne me aseguró que era psíquicamente estable y simplemente se preguntaba en voz alta, en noviembre de 2008, si era posible que hubiera sido testigo de un portal a un universo paralelo.

Querida Corinne:

Gracias por compartir esta historia conmigo.

Tu perfil psiquiátrico no me preocupa mucho. Algunos científicos famosos han sido lo que muchos llamarían locos. Lo que importa es la experimentación, no el testimonio ocular.

Con el paso de los años, los métodos y las herramientas de la ciencia nos han mostrado que, a pesar de las declaraciones de algunos filósofos, existe una realidad independiente de nuestra percepción. Esto lo sabemos porque, por ejemplo, las leyes de la gravedad están ahí y funcionan siempre sin importar quién haga el experimento o qué aparato se utilice para medirlas, creamos en ellas o no.

Es abrumadoramente probable que, en esencia, toda afirmación distinta de la realidad sea psicológica más que física (dejando a un lado, por supuesto, los engaños, las decepciones o la simple ignorancia de los fenómenos naturales). Esto incluye fantasmas, apariciones, espíritus, etcétera. Ninguna de estas afirmaciones sobrevive al escrutinio de un laboratorio. Todas ellas, simplemente, desaparecen en circunstancias controladas.

Así que si de verdad viste un universo paralelo en vez de un espectro creado por tu mente, entonces lo que viste existiría independientemente de ti y debería ser perceptible por todos a tu alrededor. Pero no tienes suficientes datos para comprobarlo.

La próxima vez que te suceda, asegúrate de llevar a cabo algunos experimentos simples:

- ¿Puedes comunicarte con él?
- ¿Se refleja en un espejo?
- ¿Dejó huellas dactilares?
- ¿Otras personas lo ven o interactúan con él?
- ¿Había algún olor?
- ¿Había algún sonido?
- Etcétera.

Esto ayudaría a establecer su existencia fuera de tu cabeza si, de hecho, tu experiencia fue real y no imaginada.

En todo caso, la próxima vez llévate una cámara. Y tal vez una red.

Atentamente,

NEIL DEGRASSE TYSON

LUNAS DE MARTE

En junio de 2005, Tom escribió desde Canadá para preguntarme cómo era posible que Jonathan Swift, el escritor satírico inglés del siglo XVIII, pudiera haber sabido que Marte tenía dos lunas cuando escribía su clásico Los viajes de Gulliver, *ciento sesenta años antes de que estas se descubrieran. Swift ofreció detalles sobre sus órbitas alrededor de Marte. ¿Podría haber tenido acceso a alguna forma ancestral de conocimiento que hoy despreciamos o ignoramos?*

Hola, Tom:

Gracias por tu consulta.

En tiempos de Jonathan Swift, se sabía que Venus no tenía lunas, que la Tierra tenía una y que Júpiter tenía cuatro.

Si Swift hubiera tenido que adivinar una secuencia lunar para estos planetas, en orden desde el Sol, no elegiría cero, ni una ni cuatro. Estos conteos lunares se conocían. Esto le dejaba la cantidad de dos o tres lunas —aún por descubrirse— para Marte, un planeta que orbita entre la Tierra y Júpiter. Dadas las opciones, Swift elegiría dos, como haría, en mi opinión, la mayoría de la gente.

Las leyes del movimiento planetario de Kepler* eran bien conocidas en esa época y se aplicaban a las lunas que estaban en órbita alrededor de Júpiter, así como a los planetas en órbita alrededor del Sol. Así que Swift aplicó estas leyes a las dos lunas hipotéticas de Marte. Pero Swift tuvo que suponer las distancias orbitales de ambas. Un simple cálculo da un periodo correspondiente de revolución para estas. Si revisas su cálculo puedes verificar que Swift hizo su tarea, y la hizo correctamente.

Pero lo que mucha gente no revisó fue si, para empezar, trabajó con las distancias correctas. No lo hizo. De hecho, estaba muy equivocado, lo que indica que él, como sospechábamos, no tenía un indicio premonitorio sobre las lunas actuales de Marte.

Por si tienes curiosidad, la luna más interior, Fobos, orbita a 9.380 kilómetros de Marte, en contraste con los 19.800 kilómetros (tres diámetros) que calculaba Swift, y la luna externa, Deimos, orbita a 23.460 kilómetros de Marte, en contraste con sus casi 33.000 kilómetros (cinco diámetros).

Atentamente,

NEIL DEGRASSE TYSON

---

* Johannes Kepler, astrónomo y matemático alemán (1571-1630).

MOVIMIENTO PERPETUO

En diciembre de 2008, Shawn quería consultar conmigo algunas de sus ideas para una máquina de movimiento perpetuo. Estaba bastante seguro de que las leyes de la termodinámica no son tan sacrosantas como dicen los físicos y de que, si las empresas petroleras llegaban a descubrir su idea, ocultarían el descubrimiento. Así que Shawn buscaba mi ayuda para llevar adelante su invento y así cambiar el mundo.

Estimado Shawn:

La Oficina de Patentes y Marcas de Estados Unidos ya no acepta propuestas para máquinas de movimiento perpetuo sin un modelo de trabajo que demuestre la invención. ¿Por qué? Porque las máquinas de movimiento perpetuo violan las leyes de la física estrictamente corroboradas y establecidas desde hace mucho.

Así que, siendo realista, si se te ocurrió una idea para construir una, no puedes esperar que cualquier persona con conocimientos científicos le preste atención.

Esto te deja con una, y solo una, opción: construirla y demostrar tu hallazgo. Si la máquina funciona como tú dices, entonces mucha gente llamará a tu puerta.

Atentamente,

NEIL DEGRASSE TYSON

Shawn respondió con la misma actitud, afirmando que hubo un tiempo en el que todos estaban seguros de que la Tierra era plana, de que el átomo era indivisible y de que la corriente directa era la única opción para distribuir la electricidad. Consideraba que, posiblemente, mi respuesta era terca y corta de miras. En todo caso, me deseaba buena suerte en mis emprendimientos.

Estimado Shawn:

Muchas de tus suposiciones derivan de una comprensión inexacta de cómo funciona la ciencia. En la era de la ciencia experimental «moderna», cuyo origen se puede rastrear básicamente desde Galileo y sir Francis Bacon* en adelante (los últimos cuatrocientos años), hay hallazgos científicos probados que han logrado el consenso de todos y hay «ciencia de frontera». La ciencia de frontera cambia cada mes, si no cada semana, a la espera de datos lo suficientemente buenos como para resolver las distintas controversias. La ciencia probada —de la que han surgido consensos a partir de observaciones y experimentos— *no cambia*. Lo que puede suceder, y a menudo sucede, es que haya nuevas ideas que extiendan el alcance de otras ideas previamente probadas, pero no las invalidan.

En tu breve lista, la Tierra plana y el átomo indivisible son anteriores a la ciencia moderna. Y el petróleo para las lámparas y la corriente directa no son pruebas de principios científicos: son aplicaciones tecnológicas de la ciencia a la espera de ser mejoradas. Pero las nuevas tecnologías no violaron las leyes de la física establecidas. Son (y siguen siendo) innovaciones tecnológicas que suceden dentro de las leyes conocidas de la física.

Aún más importante, la historia de los descubrimientos científicos nos dice que tu búsqueda es errónea, y eso significa que la carga de la prueba recae al cien por cien sobre tus hombros.

No dejes que yo te detenga. Como dije antes, constrúyela. Si lo logras, habrás demostrado una ley de la física desconocida hasta ahora. Este tipo de leyes son muy raras, pero son siempre bienvenidas cuando entran en escena. Y te volverás rico y famoso de la noche a la mañana.

---

* Sir Francis Bacon (1561-1626), científico, filósofo y estadista inglés.

Y gracias por desearme «buena suerte», pero, a decir verdad, aquí no soy yo quien la necesita.

Atentamente,

NEIL DEGRASSE TYSON

PREDICCIONES DOGONAS

Lunes, 30 de julio de 2007

Doctor Tyson, me llamo Phil Dabney y soy profesor de la escuela preparatoria Lake Taylor, vinculada al distrito de escuelas públicas de Norfolk. Lo conocí hoy en la Convención de Física en Greensboro, en Carolina del Norte.

Gracias por la excelente conferencia de hoy. En particular, me impresionó su enfoque educativo de «encontrarse con los estudiantes en donde están». Es posible que esta sea la razón principal por la que sus libros son tan populares en todos los grupos de edad.

Debido a las restricciones de tiempo, no pude hacerle una pregunta sobre la predicción que hicieron los dogones acerca de Sirio como estrella binaria antes de que esto se confirmara por medio del telescopio. Me parece que es algo bien documentado por dos antropólogos franceses en el libro The Pale Fox *[El zorro pálido].**

¿Puede hablarme sobre la veracidad de esta predicción?

Gracias por atenderme.

Le deseo lo mejor.

PHIL DABNEY

---

* M. Griaule y G. Dieterlen, *The Pale Fox*, Baltimore, M. D., Afrikan World Books, 1986.

Estimado señor Dabney:

Con gusto le ofrezco algunas perspectivas sobre su pregunta. Como sabemos, la estrella Sirio —la más brillante en el cielo nocturno— era importante para la tribu de los dogones de Mali, en África occidental, como también para otras culturas, incluyendo a los antiguos egipcios, para quienes la presencia de Sirio en el cielo justo antes del Sol (la denominada *salida heliaca*) señalaba el momento del año en el que el Nilo inundaba el valle, trayendo el agua tan necesaria para su clima desértico. De hecho, este acontecimiento señalaba el nuevo año en el calendario egipcio.

Sin la asistencia de la tecnología, es físicamente imposible para el ojo humano ver la estrella compañera de Sirio, conocida como Sirio B. El brillo de Sirio cae por debajo de los límites de detección de luz de nuestras retinas. Pero, aún más importante, la enorme diferencia de brillo relativo entre las dos estrellas pierde a Sirio B en el fulgor de Sirio A, de forma muy parecida a la manera en que una luciérnaga pasa desapercibida a la luz del sol. Además, la separación angular de las dos estrellas es más pequeña de lo que la lente del ojo humano pueda percibir: los límites vienen impuestos por la física de la vista, y no por la biología del individuo.

Sirio B se descubrió en 1862. En esa época, dos cosas eran ciertas: el suceso se publicitó ampliamente con artículos en las portadas de toda Europa. En ese momento, era común que hubiera misioneros, exploradores e imperialistas europeos por toda África. Tenga en cuenta que los antropólogos franceses a los que usted se refiere descubrieron a los dogones *después* del descubrimiento de Sirio B.

Estos son los aspectos fundamentales del caso. Ivan van Sertima, historiador y antropólogo de la Universidad de Rutgers, ha escrito sobre los dogones* y refiere dosis fuertes de especulación en su esfuerzo por atribuirles el descubrimiento de Sirio B. Esto

---

* Ivan van Sertima, *Blacks in Science: Ancient and Modern*, Abingdon-on Thames, Transaction Books [hoy Routledge], 1991.

incluye la declaración engañosa de que el poder absorbente de la luz solar en la melanina de la piel de los africanos negros infundía a los dogones poderes de percepción aumentados.

Así que, o los dogones tenían precognición de Sirio B gracias a alguna misteriosa manera de saberlo que aún no descubrimos, exclusiva de ellos, o un visitante europeo (ya sea un antropólogo u otro) se encontró con los dogones antes de que lo hicieran los franceses, vio que la estrella Sirio era parte de su cultura y compartió con ellos el descubrimiento muy publicitado y reciente de Sirio B sin escribir sobre este encuentro. Los dogones inmediatamente adoptaron en su cultura esta información adicional sobre su objeto cósmico favorito, y los antropólogos franceses se encontraron con ellos después, sorprendidos por el conocimiento detallado de los dogones.

Asimismo, si analizamos otros elementos de su cultura y los cuentos sobre la naturaleza de los dogones, ninguno tiene información tan precisa como la que disfruta Sirio B dentro de su cosmovisión. Sus historias son románticas y poéticas, al igual que los mitos de la creación de la mayoría de las culturas.

Aunque no sabemos con seguridad si a los dogones los visitaron europeos informados antes de que llegaran los antropólogos franceses, las pruebas lo sugieren con vehemencia. Cualquier otra suposición es llevar el afrocentrismo más allá de lo que lo justifican los datos.

Gracias por su pregunta.

Le deseo lo mejor.

NEIL

PIE GRANDE

En enero de 2008, Alex buscó mi opinión en relación con la posibilidad de que un gran simio peludo pudiera estar paseando por el noroeste del Pacífico.

Querido Alex:

En una época anterior a que estuviera cartografiado el mundo entero, los exploradores europeos contaban relatos grandiosos sobre nuevas plantas y animales, especialmente en sus viajes por África y Asia. Recolectaban lo que podían y lo llevaban de vuelta para investigarlo y mostrarlo en los museos. Con frecuencia se identificaban nuevos y grandes animales. Este fue el principio de la historia natural como disciplina académica.*

Después de que se realizaran mapas de todas las masas terrestres del mundo y de que se colonizaran, el ritmo de descubrimiento de criaturas nuevas y exóticas disminuyó precipitadamente. Esto ofrece un fuerte indicador de que los animales grandes (terrestres) eran conocidos y estaban documentados. Las nuevas especies terrestres que se descubren cada año suelen ser animales pequeños o variaciones ligeras (por ejemplo, subespecies) de otras bien documentadas.

En ocasiones, se encuentran grandes criaturas marítimas, lo cual es comprensible, ya que no vivimos en el mar y no monitoreamos incesantemente el fondo marino en busca de vida.

Así que la probabilidad de que un animal grande (terrestre) haya pasado inadvertido en tiempos modernos es casi cero.

NEIL DEGRASSE TYSON

Alex me respondió con un gran escepticismo a mi cerrazón, a la vez que me recordaba que el noroeste del Pacífico contiene más de 1.200 millones de hectáreas de bosques sin monitorear. Además, observó

---

* Por supuesto, la historia natural como tema de interés se remonta a épocas muy lejanas. El autor y comandante naval Plinio el Viejo escribió un libro titulado *Historia natural* (c. 79 d. C.) que compilaba todos los conocimientos ancestrales del mundo natural en un solo volumen. Y el mismo Leonardo da Vinci (1452-1519) fue también un agudo observador de la naturaleza.

que no puede descartarse como un disparate cada avistamiento de un simio grande y peludo. Y que, en ese sentido, debía de haber algo de cierto en ello.

Querido Alex:

En mi mensaje anterior te comenté el ritmo de los descubrimientos y la documentación sobre los animales grandes. Los avistamientos sin pruebas tangibles (por ejemplo, un cadáver para analizar en el laboratorio o pelo) no constituyen un descubrimiento. Es un hecho bien conocido entre psicólogos y científicos que los testigos oculares son la forma menos fiable de obtener pruebas entre todas las que hay. Por eso se descarta enérgicamente, ya que el investigador espera con paciencia la presentación de pruebas tangibles que apoyen una declaración tan extraordinaria.

Ten en cuenta que cada avistamiento puede ser real; pero sin un cuerpo o alguna otra prueba firme que no gire en torno a la percepción humana, esas afirmaciones son inútiles para el investigador científico.

Para tu información, *inútil* no es lo mismo que *falso*.

Hasta que no haya alguien que presente tejido biológico (incluso la defecación de un pie grande sería un buen comienzo) a partir del cual se pueda extraer ADN, no hay mucho que un biólogo pueda hacer con esas afirmaciones.

Si estás seguro de que hay simios prehistóricos corriendo por el noroeste del Pacífico que miden más de dos metros de altura y que no han sido documentados, deberías organizar expediciones para encontrarlos. No es necesario matarlo; basta con capturar uno.

Tus esfuerzos se aprovecharán mejor en la búsqueda de pruebas útiles que en tratar de convencer a la gente de lo que crees que es cierto en la ausencia de tales pruebas.

Neil

Sexto sentido

Martes, 6 de febrero de 2007

Estimado doctor Tyson:

Estoy leyendo su libro Muerte por agujeros negros.* *Primero déjeme decirle que su estilo de escritura es justo como su estilo al hablar: claro, comprensible y agradable. Solo echo en falta la risa que oigo cuando lo entrevistan en directo. En segundo lugar, debo comentarle sobre lo que dijo acerca del sexto sentido.*

«El titular que nunca leemos es: "Médium vuelve a ganar la lotería"».

Fui testigo de que mi abuela tenía un «don» y lo utilizaba igual que sus otros sentidos. Ella sabía cuándo iba a llegar gente de visita, así que preparaba todas las camas y compraba más comida. Sabía si mi padre iba a llegar a cenar o no y añadía su plato de ser necesario. Se despertaba cuando la vaca estaba pariendo y horneaba tartas cuando iban a llegar visitas. Para ella, era un sentido más: no como esos números telefónicos que anuncian en la televisión para hablar con un médium, sino una percepción extra que se tomaba con filosofía, tal como hacía con sus otros cinco sentidos. Era de Irlanda y su abuela era como ella. Era su forma de vida.

Mi padre siempre sabía cuándo una mujer estaba embarazada, incluso antes de que ella misma lo supiera (y no, no era porque él las hubiera dejado encintas). Tal vez tenía que ver con microcambios o feromonas, pero él lo hacía todo el tiempo.

En fin, estoy segura de que ha oído muchas historias así. A partir de mis propias observaciones, el único tipo de sexto sentido en el que creo es en una especie de sentimiento bastante primitivo que nos ayuda a avanzar. Gracias por todo su trabajo.

Kathleen Fairweather

* Neil deGrasse Tyson, *Death by Black Hole: And Other Cosmic Quandaries*, Nueva York, W. W. Norton, 2007 (trad. cast.: *Muerte por agujeros negros*, Ciudad de México, Crítica, 2016).

Hola, Kathleen:

Gracias por tu testimonio. No negaré tu relato de los poderes de percepción de tus padres.

Pero en todos los casos en que se han estudiado estos poderes en el laboratorio, estos han fallado: o, para decirlo con más precisión, la gente que dice tener tales poderes no sale mejor librada que otra al azar en experimentos diseñados para ponerlos a prueba. Décadas de artículos en la revista *The Skeptical Inquirer** lo han documentado.

Así pues, o el poder desaparece bajo circunstancias controladas, o la gente recuerda los éxitos y no los fallos: este es uno de los errores de percepción más comunes de la mente humana. Este fenómeno —bien estudiado por los psicólogos— incluye, por ejemplo, a la gente que tiene premoniciones sobre la salud de un amigo. Llamas solo para descubrir que tu amigo está en el hospital o que no se encuentra bien.

Cuando esos sucesos ocurren, se convierten en recuerdos poderosos que suplantan los recuerdos que podemos tener de los fracasos. Como decía, hay toda una literatura sobre el tema que no puedo reseñar aquí. Pero el método experimental, que nos dice más sobre nosotros de lo que podemos determinar solos, es lo que permitió que la sociedad avanzara desde los días de superstición y quema de brujas (cuando se creía que las mujeres tenían poderes impíos) hasta la era de la investigación empírica, que originó la Revolución Industrial y la vida moderna.

Le deseo todo lo mejor en su búsqueda de la mente, el cuerpo y el espíritu.

NEIL DEGRASSE TYSON

---

* *The Skeptical Inquirer* es una revista quincenal publicada por el Comité para la Investigación Escéptica (Amherst, Nueva York).

Contemplaciones

Existen creencias arbitrarias que la gente piensa que son, en realidad, una categoría en sí mismas.

LA COMPLEJIDAD

Viernes, 8 de marzo de 2019

Hola, gurú:

Hace poco vi una araña de patas largas y eso me recordó que ella y yo tenemos un ancestro en común de hace mucho tiempo.

Nuestra enorme divergencia posterior se desató gracias a muchos billones de mutaciones arbitrarias de ADN y expansiones de sus hélices. Unos 3.000 millones de nucleótidos sobreviven en cada una de mis billones de células. Y esos 3.000 millones deben estar en una secuencia única y correcta para crearme a mí, desarrollarme, llevar a cabo todas mis funciones e incluso para dictar mi instinto.

¿Cómo podrían unos meros tres gigas de un ordenador hacer todo esto? Se necesita mucho más solo para que funcione mi iPhone.

Esos tres gigas no parecen suficientes para dictar, simplemente,

cómo se comportan los 100.000 millones de neuronas de mi cerebro y sus billones de sinapsis.
Mis amigos religiosos tienen una respuesta fácil que yo no acepto.
Mis mejores deseos,

Josh S. Weston

Josh:

Una serie simple de «reglas» puede llevar a una complejidad extraordinaria.

Por ejemplo, en las sociedades capitalistas, por lo general, las personas valoran el dinero. Añádase a esto unos cuantos principios económicos sencillos, como «comprar algo y venderlo más caro», combinado con una comprensión básica de la oferta y la demanda, y ya tienes una miscelánea que ofrece diez variedades de leche obtenida de granjas que están a cientos de kilómetros de distancia y que se entregan a través de una cadena de suministro mediante camiones refrigerados, todo disponible para ti día y noche.

Puedes decir que el creador del universo tiene como prioridad tu salud y que estableció este sistema altamente complejo solo para asegurarse de que tomes leche fresca todos los días. O puedes decir que lo que lo impulsa es la avaricia.

Pero, espera, hay más.

¿Qué hay del hecho de que el universo esté compuesto solo de noventa y dos elementos?

¿Y de que solo haya cuatro fuerzas fundamentales de la naturaleza (fuerte, débil, electromagnética, gravedad)?

¿Y de que haya solo cuatro clases de partículas fundamentales (quarks, electrones, neutrinos y fotones)?

¿Y de que casi todo el comportamiento de las ondas electromagnéticas (la luz) pueda derivarse de una serie de cuatro ecuaciones que caben en un pósit?

Así que puedes impresionarte por las complejidades que manifiesta el mundo o, al contrario, puedes asombrarte por lo sencillo que es.

NEIL

ESPIRALES

Paulette B. Cooper se describió a sí misma como alguien a quien le costaban trabajo las matemáticas. A pesar de ello, no podía evitar notar la ubicuidad de las formas espirales en el universo, desde las galaxias y los huracanes hasta la secuencia Fibonacci.* Me escribió en marzo de 2006 para preguntar si todas estaban vinculadas de alguna manera cósmica.

Hola, Paulette:

Uno de los grandes retos de la investigación del cosmos, y de la investigación en general, es conocer la diferencia entre elementos que *parecen* iguales y los que *son* iguales.

Las galaxias y los huracanes son espirales, pero no tienen nada que ver las unas con los otros, a pesar de sus apariencias tan similares. Además, puedes tener una galaxia de dos brazos en espiral, pero nunca se ha observado un huracán de dos brazos.

Aún más importante, las fuerzas que están funcionando en los dos fenómenos son completamente independientes. Las que crean los huracanes involucran diferencias de presión en la atmósfera, el calentamiento de las aguas oceánicas y la fuerza de Coriolis, que empuja las nubes hacia los lados, creando los patrones circulares

---

* Fibonacci (c. 1170-c. 1250) fue un matemático italiano (nacido en Pisa), reconocido principalmente por la sucesión numérica que lleva su nombre, donde cada entrada es la suma de las dos entradas anteriores, por ejemplo: 1, 1, 2, 3, 5, 8, 13, 21, 34, etcétera.

que ves. En una galaxia, las fuerzas relevantes son enteramente gravitacionales, y el patrón en espiral es trazado por las estrellas recién nacidas.

Considera otras cosas que se parecen. Cuando William Herschel, en la primera década del siglo XIX, vio por primera vez puntos de luz que se movían lentamente por el cielo, supo que, aunque no podían ser estrellas, lo parecían cuando las miraba por su telescopio, así que se refirió a ellas como «parecidas a las estrellas», que en latín se convierte en *aster-oide* o, simplemente, *asteroide*. Su apariencia similar por el telescopio era irrelevante para lo que realmente son. Las estrellas son miles de millones de veces más grandes que los asteroides y operan bajo distintas fuerzas de la naturaleza.

Otro intento de decir que las cosas parecen iguales (pero no lo son) ocurrió con las primeras ideas de lo que podrían ser los átomos, imaginados como minisistemas solares con un núcleo como el Sol y los electrones *en órbita* a su alrededor. Los primeros libros de texto muestran imágenes de este concepto. Sin embargo, las leyes que describen el átomo no tienen nada que ver con las leyes que describen las órbitas planetarias. No solo eso, la analogía dejó una impronta errónea en el vocabulario de la física atómica. Por ejemplo, según nuestra descripción, los electrones ocupan *orbitales*, aunque sus caminos se describen mejor como *nubes*.

De modo que sí, las apariencias engañan y siempre es mejor preguntarse: «¿Qué es?», en lugar de: «¿A qué se parece?».

Atentamente,

NEIL DEGRASSE TYSON

RAÍCES

En febrero de 2014, Henry Louis Gates Jr., Skip, profesor de Estudios Africanos y Afroamericanos en la Universidad de Harvard, me invitó a participar en su serie de la PBS, Finding Your Roots *[Descubriendo tus raíces], en donde explora la herencia genética de estadounidenses notables. El objetivo de la serie es «enlazar la genealogía con la ciencia genética de vanguardia para reimaginar el significado de raza». La impresionante lista de celebridades que ya habían participado incluía a Martha Stewart, Oprah Winfrey, Mike Nichols, Samuel L. Jackson, Barbara Walters y Chris Rock. Rechacé la invitación.*

Resulta que conozco personalmente al profesor Gates, gracias a los consejos directivos de organizaciones sin ánimo de lucro en los que los dos hemos participado, así que mi respuesta fue franca.

Hola, Skip:

Gracias por la invitación para participar en tu inmensamente exitosa serie. Se habla mucho de ella y ha tenido una aceptación muy amplia.

Con todo, en mi caso tengo una filosofía poco ortodoxa cuando se trata de descubrir mis raíces. Simplemente no me importan. Y no es que no me importen de forma pasiva: no me importan de forma activa. Ya que *cualquier par de personas en el mundo* tiene un ancestro común —dependiendo cuán atrás puedas llegar—, la línea que trazamos para establecer el linaje de una familia es completamente arbitraria.

Cuando me pregunto de lo que soy capaz como ser humano, no miro a mis «parientes»: miro a todos los seres humanos. Esa es la relación genética que me importa. La genialidad de Isaac Newton, el arrojo de Juana de Arco o de Gandhi, los logros atléticos de Michael Jordan, las habilidades oratorias de sir Winston Churchill, la compasión de la Madre Teresa. Miro a la totalidad de la humanidad para encontrar inspiración en lo que puedo ser... porque soy humano. No importa si soy descendiente de reyes o mendigos, santos o pecadores, valientes o cobardes. Mi vida es lo que yo haga de ella.

Así que con todo respeto declino tu invitación, pero lo hago a sabiendas de que, desde Alex Haley, la mayoría de la gente encuentra este pasatiempo inmensamente iluminador. Y yo no les negaría esa comprensión y la revelación de su pasado. Así que, en general, me guardo esos sentimientos para mí.

Que siga el éxito con la serie. Lo mejor, siempre,

NEIL

AC/DC

En abril de 2009, Lionel, un ateo ferviente,* expresó su frustración y desaprobación por que lo obligaran a medir el tiempo del calendario a partir de fundamentos religiosos, específicamente de las tradiciones cristianas. Quería que a la ciencia se le ocurriera un sistema más sensato para medir el tiempo, dado lo que sabemos hoy sobre la edad y los orígenes de la Tierra y del universo.

Querido Lionel:

Gracias por compartir tu opinión sobre este tema y por pedirme la mía. Considero que hay varios puntos que considerar:

1. En los cálculos del pasado distante de la Tierra y del universo casi nunca se hace referencia a un calendario particular; simplemente se cuentan los años antes del presente. Por ejemplo, nadie dice que la Tierra se formó 4.600 de millones de años antes de Cristo. Simplemente decimos que se formó hace 4.600 millones de años. Lo mismo es cierto para medir el tiempo geológico y biológico.

---

* Ateo, literalmente, «sin Dios». Nunca me ha gustado el término. Es extraño que existan palabras que te digan lo que no eres. ¿Hay palabra para los que no juegan a golf? ¿Y para los que no son chefs? ¿Y para los que no son astronautas?

2. El origen de la Tierra abarcó al menos 100 millones de años. Así que, para comenzar un calendario cósmico, no significaría nada tener una fecha y un tiempo precisos; sería como tratar de celebrar el nanosegundo (la milmillonésima parte de un segundo) en el que naciste: el tiempo que tardaste en salir del canal de parto superó ampliamente esa medida. Así que, de forma sensata, registramos los nacimientos solo en el minuto más cercano.

3. El calendario gregoriano cristiano es el estándar internacional para establecer los tiempos y las fechas de la historia documentada —escribir «a. C.» después del año significa «antes de Cristo», y «después de Cristo» se abrevia como «d. C.» o se escribe *anno Domini*, expresión latina que significa «año del Señor»—. Existen otros calendarios: el judío, el musulmán, el chino, etcétera, en los que cada uno vincula el punto cero de su calendario con algún acontecimiento de su religión o cultura respectiva. Pero hoy esos calendarios son más ceremoniales que prácticos.

4. El calendario gregoriano es, en pocas palabras, el más preciso y estable que se haya desarrollado jamás. Los padres jesuitas designados por el papa Gregorio, allá en el siglo XVI, hicieron un trabajo asombroso en sus cálculos. Corrigieron el fallido calendario juliano, en el que el equinoccio de primavera se había ido desplazando con el transcurso de los siglos, atrasándose de la conocida fecha del 21 de marzo hasta el 10 de marzo. Se aseguró para siempre la correspondencia del equinoccio de primavera con el 21 de marzo, sin que se desplace en una dirección u otra más que por un día los años bisiestos. Mientras tanto, otros sistemas —especialmente los calendarios lunares— necesitan introducir meses completos de manera intermitente para reconciliar la cronología con la ubicación de la Tierra en la órbita alrededor del Sol.

Cuando haces algo bien, y lo haces mejor que cualquier otro antes que tú, te toca ponerle nombre. A los ateos de esa época no les interesaban los calendarios; claro, en realidad lo del calendario nunca ha sido lo suyo. Así que los ateos se quedaron al margen, con la excepción de la introducción del «antes de la era común» (a. e. c., que reemplaza el a. C.) y «era común» (e. c., que reemplaza el d. C.).

Considera que *El Mesías* de Händel es una de las obras corales más grandiosas que se hayan compuesto jamás. También lo es la *Misa en si menor* de Bach. Ninguna de estas obras existiría de no ser porque alguien se sintió inspirado por Jesús. Esto no les resta (o, al menos, no debería hacerlo) genialidad, belleza ni majestuosidad a estas grandes obras musicales.

Además, como ateo, seguramente utilizas palabras como *ojalá* y *adiós*, aunque sus orígenes vienen del árabe *law šá lláh* o «si Dios quiere», en el primer caso, y en el segundo caso de «a Dios».

Como con todo en la vida, hay que elegir las batallas.

Así que, ¿puedo recomendarte que adoptes e. c. y a. e. c. y que lo dejes en eso? Mejor, dedica tus energías a la batalla real: la «santidad» del aula científica frente a los fundamentalistas religiosos que perennemente intentan influir en el currículo de las ciencias con filosofías basadas en la religión.

Atentamente,

NEIL DEGRASSE TYSON

CIELO SOBRE IRAK

Lunes, 5 de marzo de 2007

Querido Neil:

Mi nombre es Derrick Philips. Soy soldado de primer orden en el Ejército. En la actualidad estoy destinado en las afueras de Balad,

Irak. Le pedí a mi esposa que me enviara un ejemplar de su libro más reciente y desde que lo recibí hace dos días no he podido dejar de leerlo. En este momento me encargo de la mundana tarea de hacer guardia. Después de un día tan agotador de doce horas observando carretas tiradas por mulas y de permanecer quieto en un solo lugar, tengo la oportunidad de sentarme y abrir su libro Muerte por agujeros negros. *Estoy seguro de que mucha gente lo está disfrutando de todas las maneras posibles. Creo que le gustaría saber cómo lo hago yo.*

Estoy a una hora al norte de Bagdad, lugar al que usted hace referencia en varias ocasiones en su libro.* He podido hablar con algunas personas locales que son profundamente conscientes de la importancia que esta ciudad tuvo para las ciencias en el pasado, y eso les da la oportunidad de contarme muchas otras cosas que yo no conocía y que ocurrieron justo aquí, en lo que temporalmente es mi patio trasero. Estas conversaciones, nacidas del conocimiento impartido por su libro, me dejan con la sensación de ser más un turista armado hasta los dientes que un invasor que ocupa su territorio.

Un libro como el suyo, me imagino, deja a la gente con ganas de mirar las estrellas y reflexionar sobre lo que acaba de leer. Cuando por la noche enciendo mis gafas de visión nocturna, descubro que el cielo está repleto de mucho más de lo que jamás habría creído posible. ¿Cuántos de sus lectores pueden decir que se sintieron inspirados a utilizar la tecnología de defensa para relajarse después de un largo día de trabajo? Bueno, me gustaría pensar que al menos hay algunos.

En fin, su libro me ha inspirado a pensar y a usar la cabeza para algo más que llevar sombrero. Quiero darle las gracias por ayudarme a evitar el aburrimiento durante la parte del año que me toca estar aquí.

Tengo muchísimo interés —pero verdaderamente pocos conocimientos— sobre este tema. Estoy investigando de manera autodidacta sobre nuestro cosmos para poder transmitir esta información a mis

---

* Durante la edad de oro del islam, hace un milenio, el centro intelectual del mundo era Bagdad.

hijos. Por lo visto, comparten lo que me fascina y, con la inversión mínima de un telescopio, puedo ver que esta iniciativa nos dará mucho tiempo de calidad.

Solo quería escribirle y agradecerle por la contribución que ha hecho a mi esfuerzo de guerra en particular.

Atentamente,

DERRICK PHILIPS,
soldado de primer orden

Estimado soldado Philips:

Gracias por sus amables palabras sobre la relación entre mi libro más reciente y su servicio en Irak. Es un honor ayudarlo a pasar el tiempo.

En cuanto a su telescopio nocturno, las conexiones que existen entre los astrofísicos y los militares se extienden más allá de lo que percibe la gente. En este momento estoy trabajando en un libro que subraya los innumerables vínculos que hay entre ellos.*

Y, sí, Bagdad tiene una historia profunda en las ciencias, en especial en las matemáticas; en el álgebra, particularmente. Por lo demás, la próxima vez que levante la mirada por la noche, recuerde que dos terceras partes de todas las estrellas tienen nombres en árabe (como ya sabrá por el libro), lo que fue posible gracias a avances importantes en la navegación hace mil años.

El aspecto más duradero del ser humano es el descubrimiento de las verdades cósmicas que trascienden la cultura, la política, la religión y el tiempo, y que forman el cuerpo de conocimiento y sabiduría que llamamos *civilización*.

Le deseo todo lo mejor, en la Tierra y en el universo.

NEIL DEGRASSE TYSON

* Neil deGrasse Tyson y Avis Lang, *Ciencia y guerra: el pacto oculto entre la astrofísica y la industria militar*, Ciudad de México, Paidós, 2020.

VER LAS ESTRELLAS

Metropolitan Diary es una sección semanal de The New York Times *en la que los lectores comparten relatos únicos de la vida en la ciudad, como hice yo en 1993.*

Miércoles, 15 de diciembre de 1993
The New York Times

Estimado Metropolitan Diary:

Hace poco, una mujer mayor con un fuerte acento de Brooklyn llamó a mi oficina en el Departamento de Astronomía de la Universidad de Columbia para preguntar sobre un brillante objeto fulgurante que había visto «flotando» al otro lado de su ventana la noche anterior. Yo sabía que el planeta Venus era brillante y que tenía una buena posición al oeste como para poder observarse en el cielo cuando empezaba a anochecer, pero le hice más preguntas para verificar mis sospechas. Después de examinar respuestas como «está un poquito más arriba que el techo de Marty's Deli», concluí que el fulgor, por la dirección de la brújula, la elevación sobre el horizonte y el tiempo de observación eran sin duda consistentes con haber visto el planeta Venus. Como me daba cuenta de que, probablemente, llevaba viviendo la mayor parte de su vida en Brooklyn, le pregunté por qué llamaba ahora y no en cualquiera de los cientos de ocasiones en que Venus había brillado sobre el horizonte occidental. Me contestó: «¡Nunca antes me había fijado!».

Hay que entender que, para un astrónomo, esta es una declaración asombrosa. Me sentí obligado a explorar más sobre su respuesta. Le pregunté cuánto tiempo llevaba viviendo en su apartamento. «Treinta años». Y también si alguna vez se había asomado a su ventana. «Solía dejar las cortinas cerradas, pero ahora las dejo abiertas». Como es natural, le pregunté por qué ahora dejaba las cortinas abiertas: «Antes había un gran edificio de apartamentos al otro lado de mi ventana, pero lo derribaron. Ahora puedo ver el cielo, y es hermoso».

NEIL DEGRASSE TYSON,
Manhattan

«LUCY IN THE SKY WITH DIAMONDS»

Miércoles, 10 de junio de 2009

Me llamo Georgette Burrell y tengo siete años. Vi su especial sobre por qué Plutón es un planeta enano. Me pareció genial. Oí hablar de un planeta (o estrella) que se llama Lucy, que es como un diamante grande. Mi pregunta es: ¿cómo saben los científicos lo que es si está tan lejos?
Gracias,

GEORGETTE

Excelente pregunta, Georgette.

Muchas estrellas muertas están hechas de carbono (son enanas blancas). Cuando el carbono puro se somete a altas presiones, se convierte en diamante. Esas estrellas tienen una gravedad muy fuerte, lo que somete a su carbono a una elevada presión. Así que podemos utilizar las matemáticas para calcular que la estrella podría estar hecha de diamante puro.

NEIL

PREFIERO DIRIGIR

Martes, 22 de julio de 2008

Querido señor Tyson:

Soy miembro del Gremio de Escritores de América, y en la actualidad trabajo en un guion sobre viajes interplanetarios. Lo he visto en varios especiales televisivos y soy un gran admirador de la franqueza de sus observaciones. Una que me impactó, y a la vez me hizo buscar su consejo, fue su resumen tan práctico de lo que pasa si algo sale mal en el espacio. Su respuesta fue: «¡Te mueres!».

Estoy trabajando en un guion sobre un astronauta enviado a Jápeto, la luna más grande de Saturno, para investigar una misteriosa transmisión extraterrestre desde su superficie. El asunto es este: quiero hacerlo bien. Quiero que sea lo más preciso posible. ¿Podría responder unas cuantas preguntas sobre los peligros inherentes a un tipo de viaje espacial tan largo, desde dentro y desde fuera de la nave espacial?

Atentamente,

ANDREI ANSON

1. ¿Cuánto se tardaría en llegar a Jápeto?

Estimado Andrei:

Gracias por tus preguntas. ¿Cuánto se tarda en llegar a Jápeto? Todo el tiempo que decidas. Una trayectoria balística que minimiza la energía tardaría alrededor de diez años. Pero, si no es problema el combustible, puedes acelerar durante la mayor parte del viaje y luego usar el combustible para desacelerar: esto te daría una gravedad artificial en el camino y podrías llegar en uno o dos años.

2. En mi guion, un nuevo transbordador acude a la estación especial para cargar una nueva provisión de combustible. ¿Cómo llegarían realmente a Jápeto? ¿Es necesaria asistencia gravitatoria, etcétera?

Cuando estás en la órbita terrestre ya tienes la mitad de la energía para llegar a cualquier otro lugar del sistema solar. En otras palabras, la energía necesaria para entrar en órbita terrestre es exactamente la mitad de la energía necesaria para salir por completo de la Tierra. Las maniobras de asistencia gravitatoria o maniobras de honda son para las naves espaciales que no se lanzan con suficiente combustible como para llegar a sus destinos. Tardan más que las trayectorias balísticas debido a que la distancia total que recorren puede ser dos veces mayor de la que sería de otro modo, pues se dejan caer hacia los planetas y lunas que proporcionarían el impulso gravitacional necesario.

3. *¿Qué velocidad podríamos darles? ¿El límite más realista en estos días es 63.000 kilómetros por hora?*

Cualquier velocidad es válida. Solo es cuestión de la cantidad de combustible disponible para acelerar y desacelerar. La velocidad de escape de la Tierra es de 40.280 kilómetros por hora. Eso debería llevarte hasta Jápeto en diez años.

4. *¿Cómo regresarían?*

Se necesita incluso más combustible para regresar que para ir a Jápeto. Habría que encontrar la manera de recargar combustible en Saturno. La atmósfera de Saturno contiene moléculas que podrían utilizarse para este propósito, incluyendo agua. Pero se necesitaría una fábrica que pudiera separar el hidrógeno del oxígeno (la H de la O del H_2O). Luego se podrían combinar los dos elementos en un motor de cohete para formar combustible. O, simplemente, podrían pasar a cargar gasolina en la estación de servicio de algún extraterrestre.

5. *¿Qué le sucedería a nuestro héroe, Tom, si se quedara atrapado en el espacio durante los próximos veinte años, más o menos? Físicamente hablando, me refiero.*

Nada. A menos que se le acabe la comida.

6.*¿Cómo podría inhabilitar la nave permanentemente?*

Una opción: utilizas la atmósfera de Saturno para aerofrenar (puedes ver *2010: el año que hicimos contacto*, la película de Peter Hyams de 1984), el aire caliente se filtra en las partes críticas del motor y daña el acelerador, los mandos de control y el tanque del combustible. Tienes los motores de los cohetes, simplemente no tienes control de cuánto combustible queman. Y luego todo el combustible se escapa mientras que empieza a girar y girar hasta el olvido.

7. Se me ocurrió que algún tipo de escombro de algún asteroide pasara casi rozando la nave, causando daños e inutilizándola. Francamente, ¿hay alguna otra manera de dejar varada a la tripulación? Sé que a la velocidad de 63.000 kilómetros por hora, la mayoría de los objetos destruirían la nave, lo que no quiero hacer.

Es improbable. Los asteroides son contados e infrecuentes. O, más bien, el espacio es vasto, así que hay muchos, pero pasan con mucho tiempo de diferencia entre uno y otro. En vez de ello, con una maniobra de honda podrías mandar la nave alrededor de Saturno, en ruta a Júpiter, y luego, por accidente, hacer que termine catapultada a través del campo de asteroides troyanos que Júpiter tiene atrapados gravitacionalmente en órbita alrededor del Sol. Entonces la nave sufre daños por colisiones que la tripulación no logra reparar, tal vez debido a la pérdida de combustible. Después, necesitarían maniobrar aerofrenando alrededor de Saturno, ya que la nave no tendría suficiente combustible para desacelerar. Eso garantizaría que el mayor Tom no deje el sistema solar por completo y que no muera en órbita alrededor de Saturno.

¡Que tengas un buen día!

NEIL DEGRASSE TYSON

LO PEOR DE LO PEOR

Miércoles, 8 de julio de 2009

Querido señor Tyson:
Solo quería saber cuál le parece la peor ofensa cinematográfica

contra la ciencia. Para ponérselo fácil, excluiremos todas las películas del periodo anterior a 2001: una odisea en el espacio para que no tenga que mencionar la filmografía de Ed Wood. ¿Qué le parece la película Armagedón*? Era una porquería tanto a nivel científico como artístico.*

En fin, espero que tenga tiempo de contestar, ya que sé que está ocupado, pero, lamentablemente, soy una criatura muy curiosa. Gracias por su tiempo. No deje de dar caña en el mundo libre.*

CHRIS BOSTWICK

Estimado Chris:

La película de Disney *El abismo negro*, de 1979, era la peor jamás hecha (teniendo en cuenta lo fértil que era el material científico) hasta que hicieron *Armagedón* en 1998, que viola más leyes de la física (por minuto) que cualquier otra película del universo.

NEIL

UNA METIDA DE PATA VIRAL

Martes, 8 de enero de 2019

Estimado doctor Tyson:

Nos gustaría empezar presentándonos: Samyuktha y yo somos dos estudiantes de Medicina de la ciudad de Nueva York y, sobre todo, aficionados a los museos, y solemos frecuentar el Museo Americano

---

* «*Keep on rocking' in the free world*», referencia a la canción de Neil Young. (N. de la t.).

de Historia Natural. Le escribimos para informarle de una pequeña pero sustancial inexactitud en una de las exposiciones. En relación con el rinovirus, el panel de exhibición dice: «Los rinovirus se encuentran entre los principales causantes del resfriado común. Están formados por ADN rodeado por una cubierta proteica». Sin embargo, un rinovirus contiene ARN (ácido ribonucleico) y no ADN (ácido desoxirribonucleico) como dice el panel explicativo.

Reconocemos que esto puede parecer trivial y no queremos parecer tiquismiquis, pero el hecho de que un virus contenga ADN o ARN es, efectivamente, una de las formas básicas de clasificar y distinguir los virus. Afecta a su modo de transmisión, de replicación, a su estabilidad y a sus propiedades físicas, entre otras características básicas. Por lo tanto, decidimos que era un tema lo suficientemente importante como para escribirle.

Atentamente,

SAMYUKTHA GUTTHA Y ANEEK PATEL

Estimados Samyuktha y Aneek:

Todos saben que los rinovirus contienen ARN y no ADN...* menos, por lo visto, todos los que escribimos y revisamos el texto del panel, así como las decenas de millones de personas que han visto esta exposición desde que abrió hace 247 lunas.

Incluso revisé mis archivos originales para ver si había un error de transcripción. Así podríamos echarles la culpa a los fabricantes del panel en vez de a nosotros mismos. Pero, qué pena, fue el texto que entregamos el que contenía la errata.

---

* «Todos saben que los virus llevan ARN y no ADN», error del original. Los virus pueden tener ARN o ADN, como Samyuktha y Aneek aclaran en su carta. Esta diferencia es una de las maneras fundamentales de clasificar a los virus (el virus de la varicela es un virus de ADN y el de la H1N1 es de ARN). Posiblemente, el autor quería referirse a los rinovirus. *(N. de la t.).*

Así que ¿dónde estaban ustedes hace veinte años, cuando montamos ese panel? ¡Nos podrían haber sido de mucha utilidad entonces!

Agradezco su vista de águila.

Y nos pondremos a arreglar ese texto de inmediato.

NEIL

Samyuktha y Aneek respondieron: «Muchísimas gracias. Por enton-ces teníamos unos dos años, ¡pero definitivamente deberíamos haber tratado de comunicarnos con ustedes!».

QUÉ FÁCIL ES ROMPERSE EN PEDAZOS

Carta abierta a todos mis compañeros de trabajo en el Museo Ameri-cano de Historia Natural.

Jueves por la tarde,
4 de mayo de 2006

Querida comunidad museística:

Como quizá ya sepan, «incontables» cometas (posiblemente hasta billones) orbitan el Sol junto con todo lo demás. Lo típico es que el público se entere de los que son lo suficientemente brillantes como para poder verlos con el ojo desnudo o, por supuesto, de los que podrían chocar con algo.

A diferencia de las órbitas casi circulares de los planetas, la ma-yoría de los cometas viajan en trayectorias sumamente alargadas y se cruzan con las órbitas de otros cometas mientras entran o salen del sistema solar interior. Como los cometas están hechos principal-mente de hielo, a medida que se van acercando al calor del Sol sus capas exteriores se evaporan, lo que crea una enorme bola de gas reflectante: la *coma* o *cabellera*. Estos gases también se extienden por el espacio interplanetario, formando la celebrada *cola* del cometa.

Tenemos una idea bastante certera de lo que están hechos los cometas, pero no sabemos lo sólidos que son. Sin duda, la gama de integridad estructural de los cometas del sistema solar es amplia, de igual manera que algunas bolas de nieve son compactas, mientras que otras se desmoronan en el momento de salir de tu mano.

Justo ahora se está volviendo visible al ojo humano el cometa Schwassmann-Wachmann 3, que en diez días llegará a unos 11.250 millones de kilómetros de la Tierra: treinta veces la distancia entre la Tierra y la Luna. Debido a las presiones en su recorrido, su núcleo ha comenzado a desintegrarse, dejando al desnudo docenas de trozos más pequeños de hielo, cada uno de los cuales crea su propia minicoma y minicola. En el cielo, el fragmento de cometa prin-

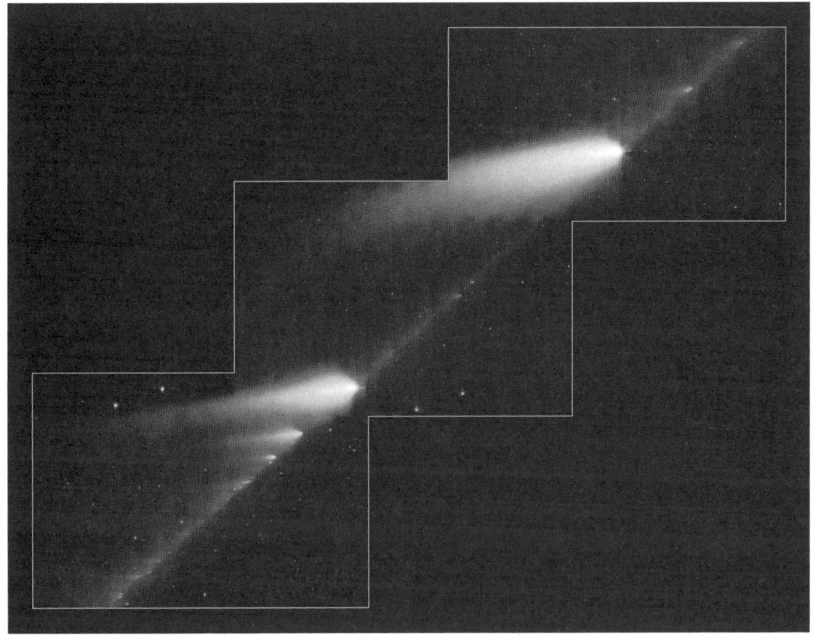

(Al final del libro podrás encontrar la imagen en color).

cipal y su cola ya abarcan varios grados en ángulo, equivalentes a cinco o seis veces el ancho de la Luna entera. Echen un vistazo a esta espectacular imagen del cometa tomada por el telescopio espacial Hubble hace dos semanas.

La visibilidad será pobre en las ciudades contaminadas por la luz; pero, si viven en áreas rurales, el Schwassmann-Wachmann 3 debería ser un blanco fácil para ustedes, con o sin prismáticos. Esta semana atravesará la constelación de Hércules. La próxima semana cruzará la constelación adyacente, Lyra. Si miran hacia el sur, las dos constelaciones se verán en lo alto del cielo varias horas antes del amanecer.

Y, al contrario de lo que anuncian las páginas de internet sobre el fin del mundo y las alarmas tan reenviadas por correo electrónico, este cometa no representa ningún peligro para los terrícolas.

Como siempre, sigan mirando hacia arriba.

NEIL DEGRASSE TYSON

COSMOS

El universo visto como un todo bien ordenado

Mensajes de odio

Alrededor de una tercera parte de toda la correspondencia que recibo puede considerarse que proviene de admiradores. Sin embargo, de vez en cuando llegan a mi bandeja de entrada correos que demuestran lo contrario.

UNA DISCULPA

Lunes, 18 de junio de 2012

Estimado doctor Neil deGrasse Tyson:
Le escribo para disculparme profundamente por un dibujo cruel y severo que le envié hace doce años, cuando tenía diez años, en el que le decía que tenía «popó en la cabeza» por degradar a Plutón como planeta.* Por favor, acepte mis más sinceras disculpas, ya que soy un gran admirador de su trabajo, ¡y lamento

---

* Aunque no fui yo personalmente quien degradó a Plutón de su condición de planeta, sin duda fui un cómplice de aquella indignidad. Hacerlo me transformó en enemigo público de los niños de las escuelas primarias de todo el país.

profundamente haber herido sus sentimientos con palabras tan feroces y duras!
    Atentamente,

MICHAEL C. HOTTO

Estimado Michael:

Solo tengo un vago recuerdo de esa carta: mi archivo se desborda con correspondencia parecida. Sin embargo, acepto amigablemente tu disculpa, a sabiendas de que solo estabas expresando tus sentimientos en aquel momento con sinceridad.

Atentamente,

NEIL

UNA APELACIÓN

En el otoño de 2006, una niña de tercer curso de primaria me escribió desde la escuela elemental Peters en Plantation, Florida.

Cuando esta carta llegó a mi oficina en el Planetario Hayden, yo estaba ocupado respondiendo cientos de cartas por el estilo y no contesté. Pero, de haberlo hecho, esto es lo que le habría dicho.

Estimado sientífico:

¿Cómo se llama Plutón si ya no es un planeta? Si lo vuelve a convertir en planeta todos los libros de ciencia tendrán razón.

¿Vive gente en Plutón? Si hay personas que viven ahí, ya no existirán. ¿Por qué no puede ser Plutón un planeta? Que sea pequeño no significa que ya no tenga que ser un planeta. A algunas personas les gusta Plutón. Si ya no existe, entonces ya no van a tener un planeta

favorito. Por favor, contésteme, pero no en cursiva, porque no sé leer
en cursiva.
    Su amiga,

MADELINE TROST

Dear Scientest,

What do you call Pluto if its not a planet anymore? If you make it a planet agian all the Science books will be right. Do poeple live On Pluto? If there are poeple who live there they won't exist. Why can't Pluto be a planet? If its small doesnit mean that it doent have to be a planet anymore. Some poeple like pluto. If it doen't exist then they don't have a favorite Planet. Please write back, but not in cursive because I can't read in cursive.

                    Your friend,
                    Madeline Trost

Querida Madeline:

Si hay alguien viviendo en Plutón, te garantizo que todavía sigue allí, incluso después de que se bajara a Plutón a la categoría de planeta enano. Así que no hay necesidad de temer por sus vidas. Además, si Plutón es el planeta favorito de alguien, entonces puede convertirse en su planeta enano favorito. No tiene nada de malo. Pero, en todo caso, tienes razón sobre los libros de texto. Habrá que cambiarlos todos. Eso es malo para los que compran libros, pero es bueno para los editores: van a poder venderte el libro otra vez.

Y aquí está mi firma en letra manuscrita. Dice Neil D. Tyson. Por algo hay que empezar.

Tu amigo,

AMANTE DE LA LUNA

Viernes, 6 de enero de 2007

Doctor Tyson:

Lo escuché en la radio esta mañana repitiendo las típicas doctrinas anticuadas sobre Marte y sobre la Luna. Es particularmente decepcionante, en su caso, oír cómo menosprecia la Luna cuando, como astrofísico, usted sabe mejor que nadie que los telescopios que se utilizan en el lado oscuro de la Luna son, con mucho, el mejor medio de estudiar el cosmos, incluyendo con toda seguridad el telescopio Hubble: al colocar equipo en la superficie lunar, no tendremos necesidad de poner nada en órbita a costos mucho mayores.

La Luna es el trampolín de la humanidad para el siguiente salto en nuestra evolución. Nos transformaría en una verdadera especie espacial, lo que resultaría en una comprensión novedosa y mejor de quiénes y qué somos, y de nuestro destino compartido. Cuando miro el cielo, doctor Tyson, y veo la Luna llena tan brillante y tan cercana que casi la puedo tocar, definitivamente no pienso en una masa muerta e inútil que flota en los cielos. Cuando miro la Luna, pienso que es el año 2050 o el 2075, con luces que parpadean por toda la superficie lunar: la evidencia clara de que ahí está alzándose una nueva sociedad, transformando a la humanidad que queda aquí abajo en la Tierra.

Con mis mejores deseos,

ARTHUR PICCOLO

Hola, señor Piccolo:

Gracias por sus comentarios tan francos. Permítame reiterar algunos de los temas sobre los que hay un amplio consenso en la comunidad científica.

1. Como la Luna no tiene atmósfera, historial de agua corriente, probabilidad de cantidades sustanciales de agua en su interior (como acuíferos, etcétera) ni ninguna probabilidad de vida tal como la conocemos —o como nos la imaginamos— debido a su mecanismo de formación inducida por colisión, no hay debate sobre si la Luna está muerta, a diferencia de Marte.

2. El interés científico primario en la Luna es geológico y no químico, biológico ni astrofísico, a diferencia de Marte, donde es todo lo anterior.

3. Debido al coste de llegar a la Luna, para la astrofísica son pocos los beneficios científicos derivados de nuestra presencia allí, como se discutió extensamente en un taller reciente al que asistí que exploraba este mismo tema, titulado «La astrofísica habilitada por el regreso a la Luna». Puede buscar en Google información al respecto. Los telescopios de radio en la cara oculta de la Luna (para su información, no hay un «lado oscuro» permanente) encabezaban la lista, y algunos otros proyectos interesantes atraparon la atención de la gente. Pero, por lo general, aprovecharemos otras misiones de exploración para hacer transporte combinado cuando se pueda, pero no porque lo consideremos una prioridad. El mayor beneficio para la astrofísica podría ser simplemente el acceso a la arquitectura basada en el espacio, sin que tenga una relevancia directa para las actividades en la superficie lunar.

4. Lo que importa no son las pruebas de la presencia de agua líquida en Marte, sino que estas apuntan a esta conclusión, y eso basta para justificar una mayor investigación. De ser cierto, entonces las posibilidades de que en Marte haya vida tal como la conocemos crecen exponencialmente.

Respeto su amor por la Luna, pero la profundidad de ese amor no cambia la clasificación de este astro como objeto de interés para la comunidad multidisciplinaria de científicos investigadores.

De nuevo, gracias por su interés.

NEIL DEGRASSE TYSON

SOMOS MALÍSIMOS PARA LA CIENCIA

Jueves, 5 de julio de 2012

Dirigido al correo del Museo Americano de Historia Natural (AMNH):*

Me entristeció mucho leer el tuit de Neil deGrasse Tyson ayer, el Día de la Independencia:

Neil deGrasse Tyson ✓
@neiltyson

On the day we reserve to tell ourselves America is great - July 4 - Europe reminds us that we suck at science. #HiggsBoson

10:39 AM · Jul 4, 2012 · TweetDeck

9.6K Retweets   **1.8K** Likes

«Justo en el día que reservamos para decirnos que Estados Unidos es grande —el 4 de julio—, Europa nos recuerda que somos malísimos para la ciencia. #HiggsBoson».

Tyson ha prestado un buen servicio a la ciencia estadounidense y mundial, incluso ha destacado como su portavoz. Lo que podría ser

* AMNH, ciudad de Nueva York.

una broma se convierte en decepción cuando un portavoz se burla y desprecia a una nación de científicos, en especial mientras trabaja en una institución pública, como es un museo. Aunque hizo su insultante declaración desde su cuenta privada, no debería representar al AMNH, como señala en su biografía.
Gracias por tomarse el tiempo de responder a mi preocupación.

JEFF PROVINE

Estimado señor Provine:
Gracias por su mensaje de preocupación. Los temas que menciona me suscitan diversas reacciones. Tiendo a ser franco en mi correspondencia personal, así que espero que perciba mis palabras más como algo refrescante que abrasivo.

1. Cada valoración del desempeño de Estados Unidos en el escenario mundial de la ciencia, la tecnología, la ingeniería y las matemáticas (los campos de CTIM) en las naciones industrializadas nos coloca en el 10 % inferior. También tenemos una fracción creciente (de casi el 50 %) del electorado que niega los descubrimientos de la ciencia cuando entran en conflicto con su pensamiento político o su religión. Así que afirmar que de alguna manera estoy representando inadecuadamente el estado de la ciencia en Estados Unidos es simplemente falso.

2. La historia de fondo, que la gente que sigue lo que escribo conoce bien, es que empezamos la construcción del superconductor Super Collider en la década de 1980. Esa máquina se diseñó con un poder tres veces superior al del gran colisionador de hadrones ubicado hoy en Suiza y que se está ganando todos los titulares relacionados con la física. El Congreso cortó el proyecto por completo a principios de la década de 1990 y devastó la física de partículas en Estados Unidos. Por

eso somos testigos y no líderes de estos titulares internacionales. Y todo esto alimenta la veracidad de mi tuit.

3. Su mensaje sugiere que mi tuit podría, de alguna manera, haber perjudicado a la ciencia, a la educación científica o al Museo de Historia Natural en sí. Eso supondría que otros se hayan sentido como usted con mi mensaje. Pero tengo datos sobre este tema: el universo de Twitter rastrea todas las respuestas, las reacciones, los envíos de tuits, etcétera, de cada mensaje publicado. En doce horas, ese tuit se retuiteó casi doce mil veces. Este número supera con mucho (por un factor de tres) el reenvío más grande de cualquiera de mis dos mil setecientos tuits anteriores de los últimos tres años. Así pues, su relevancia fue (y sigue siendo) grande, si bien no se alinea con las preocupaciones que usted muestra.

4. Nada de esto es para decir que sus sentimientos no estén concebidos a partir de un amor profundo por nuestro país. Lo único que mantengo es que sus sentimientos no son representativos. Así que me quedo con la pregunta de si debo alterar lo que estoy haciendo para satisfacer a pocos, o seguir haciendo lo que estoy haciendo, que satisface a muchos, a la vez que atrae a más y más personas a interesarse por la ciencia.

5. Por supuesto que hacer lo correcto en el mundo no siempre es (o casi nunca es) un concurso de popularidad: los principios pueden y deben importar (y de hecho lo hacen), sin que tengan que tener numerosos simpatizantes. Pero le aseguro con vehemencia que aquí no se viola principio alguno: siento la obligación de un cambio, una expiación, una disculpa o una rectificación solo si lo que digo es falso, engañoso o difamatorio, pero no si lo que digo (o tuiteo) captura una verdad profunda que requiere de la acción del Estado para rectificarse.

Atentamente,

NEIL DEGRASSE TYSON

¡YO NO LO VOY A PAGAR!

Viernes, 16 de mayo de 2008
(Correo electrónico a los organizadores
del Rotary National Award for Space Achievement, RNASA)*

He detestado cada minuto del discurso de aceptación del premio que dio el doctor Neil deGrasse Tyson. Él me agrada, y me gusta verlo en los programas del canal de ciencias, pero no me gusta su manera de abordar la financiación del programa espacial.

Si la exploración espacial es tan grandiosa y rentable, ¿entonces por qué no puede existir sin robarme el dinero a mí a punta de pistola (a través de los impuestos)? ¿Por qué no puede vender todas sus innovaciones sin más, y existir sin ser un programa socialista?

Él dice que la misión Cassini a Saturno cuesta tanto como lo que gastan los estadounidenses en bálsamo labial... Bueno, pues mi elección es comprar bálsamo labial. ¡Maldita sea! Ustedes me obligaron a pagar esa estúpida nave espacial. Los que estén listos para renunciar a su bálsamo labial son los que deberían pagar los viajes espaciales de manera voluntaria. ¡No me obliguen a mí a pagarlo! Quizá, entonces, la gente o las empresas que lo financien voluntariamente también podrían ser las que reciban ayuda gratuita, innovadora y de alta tecnología de la NASA.

¿Acaso la exploración espacial financiada por medios socialistas, y a punta de pistola, hace que este país sea más digno de defensa? Al contrario, este tipo de basura es lo que hace a este país digno de ser abandonado: es lo opuesto a la libertad.

Comparémonos con China y con el resto de Europa y sus innova-

---

* El Premio Rotary Nacional para Logros Espaciales se otorga cada año en un banquete de gala en Houston, Texas, ciudad que está en el corazón mismo del programa espacial tripulado de Estados Unidos. La persona que escribió esta carta no asistió, pero vio mi discurso de aceptación en línea.

ciones: ¿es en eso en lo que quieren que nos convirtamos? ¿En socialistas y comunistas como ellos?

Nuestro país no se volvió grande gracias al socialismo ni a un Gobierno intervencionista; nuestro país se volvió grandioso gracias a nuestra libertad relativa, a pesar de un Gobierno intervencionista y del socialismo. Y los que nos están arruinando ahora son un Gobierno intervencionista y el socialismo, y los socialistas como el doctor Neil deGrasse Tyson, que tratan de hacer que el Gobierno me robe más dinero para financiar su programa consentido.

Si hubiera suficientes perdedores que decidieran que es una buena idea robarles a ustedes el dinero de los impuestos para financiar un programa que enseñara a todos en Estados Unidos a hablar español, porque tienen un montón de razones de por qué es bueno que todos sepamos español, ¿a que no les gustaría?, ¿o sí? ¡Así me siento yo con la exploración espacial!

Me gusta la exploración espacial, y probablemente sea algo bastante bueno, solo que no quiero que me obliguen a pagarla.

Adam Dirkmaat

Estimado señor Dirkmaat:

Antes que nada, gracias por tomarse el tiempo de mirar mi discurso de aceptación después de recibir el Premio al Comunicador del Espacio el pasado mes de abril en Houston. Y gracias por compartir su punto de vista tan apasionado sobre los gastos gubernamentales relacionados con la exploración espacial.

Usted comenta que el programa espacial estadounidense es producto de algún tipo de socialismo basado en los impuestos al que están sometidos estadounidenses desinteresados como usted. Pero, claro, todos los impuestos son una forma de socialismo. Así que su denuncia de la exploración espacial no es una crítica única: lo mismo sirve para la financiación de la investigación de la Fundación Nacional de las Ciencias, los Institutos Nacionales de Salud y los Centros para el Control y la Prevención de las Enfermedades. Con ese criterio, el Servicio Nacional de Parques, el Instituto Smithsoniano, el Fondo Nacional de las Artes y el sistema de educación pública también son programas socialistas. Lo mismo que el Ejército (pues ya no vendemos bonos de guerra) y las instituciones que hacen cumplir la ley. Y no olvidemos la Agencia de Protección del Medioambiente, los beneficios para veteranos, el sistema de carreteras interestatales y las infraestructuras aeroportuarias.

Finalmente, Estados Unidos es una cartera de gastos que capta y expresa los valores de sus residentes a través de sus legisladores.

Qué experimento tan fascinante sería si todos pagáramos nuestros impuestos tachando casillas en un formato (que es básicamente lo que hace el Congreso en cada ciclo presupuestario, todos los años, si bien lo hace con la población en mente, no pensando en un individuo). Y supongamos que no fuera una democracia, donde gobierna la mayoría, y que usted dejara la casilla para la NASA sin tachar. ¿Qué sucedería después? ¿Llegarían los compatriotas antiimpuestos a su casa para retirar de ella todo lo que esté basado, inspirado, influido, inventado o habilitado por el programa espacial?

Eso daría para un *reality* bastante interesante:

- Desaparecerían los circuitos de los aparatos electrónicos que utiliza.
- Desaparecería el canal meteorológico de su servicio de cable.
- Desaparecerían los mapas satelitales (de cualquier fuente informativa) que rastrean tormentas, huracanes y tornados que se están formando.
- Desaparecería el sistema GPS de su coche (es hora de comprar mapas en papel otra vez, si es que puede encontrar a alguien que los venda).

- Desaparecerían del garaje todas las herramientas manuales que usan energía de baterías.
- Desaparecerían (algunos) de sus seres amados debido al cáncer, ya que no se podría utilizar el algoritmo de imágenes espaciales que detecta las células cancerígenas mucho antes de lo que jamás se ha hecho.
- Desaparecería el sistema de advertencia de choques de su coche o del coche que quizá se compre pronto.
- Desaparecería la información sobre el asteroide Apofis, que se dirige hacia la Tierra justo ahora para acercarse mucho el 13 de abril de 2036.
- Desaparecerían todas las transmisiones de noticias por satélite que llegan de Europa y de cualquier parte del mundo a su televisor.
- Desaparecería todo lo que sabemos de que algo malo sucedió en Venus (que dejó un efecto invernadero descontrolado de 482 °C) y en Marte (que alguna vez tuvo agua corriente, pero ahora es un lugar completamente árido y gélido), situaciones que han conformado la conciencia internacional sobre el calentamiento global.
- Desaparecerían todas las mejoras aerodinámicas de las alas de los aviones (recuerde que la primera «A» de NASA significa «aeronáutica»).
- Desaparecería su acceso a Google Maps.

Y en un nivel más filosófico, desaparecería su conocimiento de cuál es nuestro lugar en el universo: la única búsqueda humana que ha trascendido todas las culturas, las regiones y el tiempo, todo gracias al telescopio espacial Hubble, los astromóviles marcianos y las incontables naves espaciales que, con o sin humanos, han salido de la Tierra para explorar el universo.

Otros que sí apoyaran la exploración espacial tendrían acceso a estos avances. Pero no usted. Todo porque, cada año, no tacharía la casilla que asigna las seis décimas partes de un centavo de cada dólar de sus impuestos. Ese es el total que se le asigna a la NASA. Ese es el coste de su acceso al universo que con tantas ganas declina.

¿Cuánto vale para usted el universo?

Atentamente,

NEIL DEGRASSE TYSON

¿ECHAR A LOS CRISTIANOS A LOS LEONES?

En diciembre de 2005, Robert, un cristiano devoto, se mostró en desacuerdo con la teoría de la evolución darwiniana en particular y con los descubrimientos de la ciencia en general, siempre que entran en conflicto con las Sagradas Escrituras. Robert estaba seguro de que los científicos ven a la gente religiosa como su enemiga y que, si los científicos tuvieran el poder de hacerlo, los echaríamos a los leones. Creo que hablaba medio en serio. Ofrecí una respuesta larga y fundamentada para cada uno de sus argumentos.

Estimado Robert:

Nada en la biología tiene sentido si no es a la luz de la evolución.* Si en estos tiempos modernos —con el pujante crecimiento de industrias de biotecnología y otros sectores de negocio que investigan el futuro de nuestra especie en relación con todas las demás— tú dices: «Yo no creo en la teoría de la evolución; me parece que todos fuimos creados de manera especial», tienes que estar preparado para las consecuencias que esa visión tendría sobre tu propia empleabilidad.

---

* Frase acuñada por Theodosius Dobzhansky (1900-1975), genetista estadounidense nacido en Ucrania que, casualmente, era también un devoto cristiano ortodoxo oriental.

Puede que esto no te importe, ya que no deseas convertirte en científico. Hay muchas profesiones que no involucran a la ciencia; pero, como decía, las economías emergentes estarán impulsadas por la ciencia y la tecnología, con la biotecnología en el centro de todo. Si llegas diciendo que hubo un Adán y una Eva, no vas a pasar ni por la puerta de entrada.

Simplemente hay menos opciones laborales en industrias que requieren un conocimiento aplicado de biología, química, física, geología, astrofísica, con el fin de hacer descubrimientos. No veo ninguna razón por la que otros trabajos no estén disponibles para ti. Pero lo más importante es que las tendencias actuales indican que el campo de las ciencias de la salud bien podría ser el futuro del crecimiento económico, así que no podrías participar en esta fecundidad económica.

En un país (Estados Unidos) en donde las encuestas Pew* muestran que el 50 % de las personas creen que Adán y Eva existieron y que fueron los humanos originales creados por Dios y en el que el 90 % de la población cree en un Dios personal que escucha sus oraciones, no tienes fundamentos para sugerir que la cultura popular te estigmatizará.

Tienes razón en dar por sentado que celebro la tolerancia y la diversidad, especialmente de culturas, idiomas, tradiciones, etcétera. Pero ¿quieres que esta perspectiva se extienda al subconjunto de cristianos que toman la palabra de la Biblia como la verdad literal? En cualquier nivel donde se pueda poner a prueba una afirmación (sin importar quién la haga), el tema ya no tiene que ver con la tolerancia: tiene que ver con las verdades objetivas.

Por ejemplo, en ninguna parte de la Biblia se describe a la Tierra como un objeto tridimensional. Todas las referencias la consideran plana. Hasta el siglo XV, también lo eran todos los mapas del

* David Masci, «Religion and Science in the United States: Scientists and Belief», Pew Research Center, 5 de noviembre de 2009.

mundo, condicionados por las Sagradas Escrituras. Podemos celebrar la historia cultural de esta noción, pero es objetivamente falsa. Lo mismo sucede con el valor del número pi (π). En la Biblia, un pasaje (1 Reyes 7) solo puede ser cierto si π es exactamente igual a tres. Pero sabemos que no es así (también lo sabían antes que nosotros los antiguos babilonios, quienes calcularon que π era un número entre tres y cuatro). Que la Biblia diga que π es igual a tres no quiere decir que lo sea. Esa declaración está objetivamente errada y, por lo tanto, no es una cuestión de opinión. El hecho de que quienes escribieron la Biblia hicieran que π fuera igual a tres y que la Tierra fuera un disco plano tiene cierto interés y es digno de estudio en una clase de historia, filosofía o religión. Pero no tiene cabida en el campo de la ciencia, cuya meta es descubrir las verdades del universo que se alzan independientemente de nuestra opinión.

Ni yo, ni nadie que yo conozca, tiene la menor intención de echar a los cristianos a los leones; solo en mantener la religión fuera del aula de ciencias. Por cierto, no existe ninguna tradición en la que los científicos derrumben las puertas de la catequesis para decir a los curas qué enseñar; los científicos no se ponen a protestar a la puerta de las iglesias ni disparan a la gente que entra en ellas; los científicos no tienen la tradición de interrumpir a los curas durante los sermones. Y, ya que estamos en esas, casi la mitad de todos los científicos (en Occidente) son religiosos y rezan a un dios personal.

También me «acusas» de ser religioso, de que sigo la religión de la ciencia y el humanismo. En realidad, soy agnóstico.* Pero como no sé qué significado das a la palabra *religión*, permíteme encontrar una definición, porque detesto discutir sobre semántica. Preferiría discutir ideas.

Aquí hay una definición del diccionario Webster:

* Agnóstico: término acuñado por Thomas Henry Huxley, naturalista del siglo XIX, en referencia a una persona que declara no tener fe ni falta de fe en Dios. Hoy se refiere a una persona que tiene en cuenta la posible existencia de un dios, pero que permanece escéptica.

Religión (sustantivo): creencia en un poder controlador sobrehumano, especialmente un dios personal o dioses, y adoración por él.

Basándonos en esa definición, si crees que soy religioso, entonces no estoy seguro de que sepas lo que es o cómo o por qué funciona la ciencia, la cual ha tenido éxito precisamente porque aborda la naturaleza de un modo empírico y no espiritual.

Declaras que ni tú ni yo podemos comprobar nuestras creencias religiosas. Sin embargo, yo sí puedo conocer (y conozco) la forma de la Tierra, la Luna y las estrellas del universo; el origen de los elementos químicos; la edad de la Tierra y del universo; los periodos de extinción del registro fósil; el impacto de los asteroides sobre la Tierra; los genes compartidos entre toda la vida en la Tierra; la proximidad genética de chimpancés y humanos, e incontables verdades objetivas más sobre el mundo. Así que tu aseveración es falsa y muestra una falta de conocimiento sobre el método científico y la naturaleza del descubrimiento. Cuando esto sucede, en general no es culpa de esa persona y se puede atribuir a sus educadores, que no pasaron suficiente tiempo capacitándola para aprender *cómo* pensar, y no *qué* pensar.

En cuanto a la educación, me parece que en las escuelas públicas debería haber una clase sobre religión. Ocupa un papel innegablemente significativo en la civilización. De manera proporcional al interés en la diversidad que expresé previamente, la clase de religión debería cubrir todas las filosofías y sistemas de creencias del mundo basados en la fe. Me parece que, en términos históricos, se omitió una clase de este tipo debido a que a las religiones mismas no les entusiasma tolerar otras creencias. Así que la exposición a la religión se dejó para los sábados o domingos y como un asunto familiar, lo que tal vez fue para bien.

También me has llamado *fraude*, lo que me obligó a buscar esa palabra también.

Y esto es lo que encontré:

Fraude (sustantivo): engaño ilícito o criminal destinado a obtener un beneficio financiero o personal.

Creo que he sido bastante abierto, directo y sincero contigo. Tú tomaste mis palabras como un ataque personal contra el cristianismo, cuando, en realidad, solo se trata de una observación sobre el analfabetismo científico en Estados Unidos.

De nuevo, gracias por tu interés. Te lo digo sinceramente, como evidencia el tiempo que pasé elaborando una respuesta.

NEIL DEGRASSE TYSON

CAPÍTULO
5

Negación de la ciencia

A algunas personas no les gustan los científicos. Algunas piensan que la ciencia es una fuerza perversa y política dentro de la sociedad. Otras creen que la ciencia está sobrevalorada y llena de investigadores presumidos. Otras, simplemente, están en búsqueda de la verdad. En este capítulo entablo una conversación con todas ellas.

ESCEPTICISMO DESDE LA ESCUELA SECUNDARIA

Domingo, 1 de abril de 2007

Estimado doctor Tyson:
  Soy estudiante de secundaria y me topé con un vídeo que mostraba a algunos científicos escépticos sobre el tema del calentamiento global.
  Mi principal pregunta para usted es si cree que el calentamiento global causado por los humanos es real y digno de una mayor investigación.
  Muchísimas gracias por su tiempo.

RAY BARTRA

Querido Ray:

Siempre habrá científicos que no están de acuerdo con algún nuevo hallazgo en una investigación. Lo más importante es prestar atención a los datos publicados y revisados por pares y a las tendencias de investigación que nos indican. Conozco el vídeo que mencionas. Entrevistan a media docena de científicos importantes que están en contra de la noción de *calentamiento global antropogénico*, y a un montón de otras personas que no son científicos (como políticos).

En principio, no tiene nada de malo tener perspectivas que discrepan. Pero, como el calentamiento global tiene ramificaciones políticas y económicas, el dinero fluye rápidamente para crear vídeos que dan voz a este subconjunto de científicos. Revisé la literatura publicada de uno de ellos; sin duda es climatólogo, pero no en el campo del cambio climático. Sus publicaciones en contra del cambio climático son sobre todo piezas de opinión para periódicos y otras publicaciones no revisadas por pares.

Confronta sus publicaciones con las de James Hansen, de la NASA, y no hay comparación posible respecto a quién se acerca más al problema. Si sumas eso al enorme corpus de literatura revisada por pares escrita por científicos especializados en cambio climático —y no simples investigadores del clima—, no hay manera de defenderlo seriamente. Puedes encontrar a algunos que discrepan, pero no tienen datos o son selectivos con los datos que citan.

Los científicos son seres humanos, con todas las fragilidades, suspicacias y prejuicios que nos son inherentes. Por eso las tendencias mostradas por los datos son básicas para alcanzar la verdad en la ciencia, y no los testimonios apasionados de los científicos.

Atentamente,

NEIL DEGRASSE TYSON

¿MÁS DAÑO QUE BENEFICIO?

Jueves, 19 de marzo de 2009

Señor Tyson:
¿La búsqueda del conocimiento científico ha supuesto un mayor daño o beneficio para la vida en el planeta?
Quiero precisar y dejar claro que mi intención no es atacarlo, ni a usted ni a la búsqueda del conocimiento científico. Apoyo la ciencia y creo que hoy hace más por ayudarnos que por lastimarnos.
Mi pregunta tiene más que ver con la cuestión fundamental de si, a fin de cuentas, nosotros como humanos le hemos causado un daño posiblemente fatal a nuestro planeta mediante actividades que debemos reconocer que entran en la categoría de búsqueda científica. La pólvora, la energía impulsada por carbón, el motor de combustión interna, las armas nucleares: todas estas son contribuciones científicas a la vida en la Tierra.
Creo que es posible que, de alguna manera, hayan sido innovaciones inevitables una vez que dejamos atrás la sabana y empezamos a desarrollar la tecnología que nos permitió sobrevivir fuera de nuestro nicho ecológico.
Pero ya que usted, además de científico, es un ser humano profundamente reflexivo y brillante, quería preguntarle si alguna vez ha considerado esta cuestión: si pudiéramos retirar todo lo conseguido, ¿no sería mejor para este planeta, en realidad? No solo para nosotros, los humanos, sino para toda forma de vida.
En fin, gracias por su excelente trabajo al sembrar la palabra de la ciencia en el mundo moderno. No importa qué hayamos hecho antes, ¡sin duda necesitamos la ciencia ahora!
Saludos cordiales,

DAKKAN ABBE

Estimado señor Abbe:

Gracias por su carta.

Creo que una lista de lo que la ciencia tiene de bueno superaría con creces la lista de lo que tiene de malo. Pero lo que realmente importa es que la ciencia no es inherentemente buena o mala. Solo es una base de conocimiento sobre cómo funciona el mundo natural. Son las aplicaciones de ingeniería de la ciencia las que asumen las pátinas del bien o del mal. Y ya que ningún país con poder real ha elegido alguna vez a un científico o a un ingeniero como líder, la gente que hace uso de los recursos para financiar el bien o el mal son los políticos. Así que se podría reformular su pregunta de manera muy sencilla intercambiando la palabra *ciencia* por la palabra *política*.

El control de la naturaleza no es algo único de los humanos. Los castores siembran el caos en sus entornos. Tenemos comentarios revisionistas sobre lo que hacen: «Sus presas crean un hábitat para todo tipo de vida silvestre», cuando, de hecho, sus presas cambian por completo el equilibrio ecológico local. También los enjambres de langostas y cigarras generan desequilibrios en sus hábitats. Pero ¿somos los peores de todos? Hace 4.000 millones de años, las cianobacterias transformaron la atmósfera terrestre al producir O_2, la mayor irrupción ecológica de la historia de la vida en la Tierra, al matar a todas las bacterias anaeróbicas que vivían en la superficie.

El cambio climático global inducido por humanos no es (por el momento) imparable. Y, por supuesto, la solución vendrá de la ciencia y la tecnología, a través de un liderazgo ilustrado, así como el problema de la ciencia y la tecnología surgió por culpa de un liderazgo corto de miras. Pero este ciclo no es nada nuevo.

Resolvimos el problema de la escasez alimentaria en el mundo,* que era un temor al final del siglo XIX tan grande como lo está siendo el

---

* Por supuesto que mueren de hambre cada año millones de personas, principalmente niños, pero eso se debe a las malas políticas y a los canales de distribución rotos, y no a la falta de comida en el mundo.

calentamiento global en el siglo XXI. También hemos hecho (en Estados Unidos) grandes avances en el problema de la contaminación, después de que se identificara y formulara en la década de 1970. La Agencia de Protección Ambiental (EPA, por sus siglas en inglés) se formó para supervisar este esfuerzo, y ahora los ríos, las tierras y el aire de Estados Unidos están más limpios de lo que pudieron estar en cualquier momento desde que comenzó la Revolución Industrial.

A muchos les preocupaba que la aplicación de la ciencia a la agricultura y a la ganadería pudiera aniquilar los nutrientes o sabores de la comida. Sin duda, algo de esto sucedió. Así que hoy (en Estados Unidos, pero en especial en Europa) hay un movimiento enorme y exitoso a favor de las frutas y verduras locales y la agricultura orgánica.

Por eso conservo una confianza que usted no tiene: que la ciencia tiene el poder de resolver los problemas que *a veces* crea, si es que existe la voluntad política y cultural de hacerlo.

Y sostengo que, sin el progreso científico, yo, hoy, sería el esclavo de alguien, y la mitad del mundo no habría vivido más allá de los cinco años. No solo eso: el 70 % de los supervivientes estarían trabajando arduamente en granjas para apenas generar suficiente comida para una población creciente.

Pero, de cualquier manera, le agradezco su pregunta, su interés y sus amables comentarios sobre mi trabajo.

Atentamente,

NEIL DEGRASSE TYSON

EVOLUCIÓN FRENTE A CREACIONISMO

Domingo, 3 de agosto de 2008

Estimado doctor DeGrasse Tyson:
He observado la presencia de un conflicto creciente en cuanto al

*tema de enseñar la evolución o el creacionismo. Si lo he entendido
correctamente, usted cree en la evolución (igual que yo), pero ¿esto
significa que usted no cree en «Dios» o en un poder superior?*

*He empezado a sentirme muy confuso sobre lo que creo. Toda la
vida me educaron como católica (asistí a una escuela de secundaria
franciscana para niñas y luego a la universidad jesuita Marquette),
pero tengo dudas muy serias sobre un poder superior. Somos una motita tan diminuta en el contexto de todo lo demás; en realidad, menos
que una motita. Así que solo me pregunto qué siente usted al respecto.
Espero no haber hecho una pregunta tabú. Si lo hice, de verdad, lo
lamento. Si no, espero con ansias su respuesta.*

Sinceramente, gracias, doctor DeGrasse Tyson.

JACKIE SCHWAB

Estimada señorita Schwab:

Gracias por compartir de forma tan franca su angustia sobre un
poder superior.

Unos cuantos puntos...

La teoría de la evolución no es algo en lo que se «crea». La ciencia sigue las pruebas. Y cuando hay pruebas fehacientes que apoyan
una idea, es innecesario el concepto de *fe* en el sentido con el que la
gente religiosa utiliza la palabra. Dicho de otra manera, la ciencia
establecida no es un conjunto de creencias, es un sistema de ideas
apoyadas por pruebas verificables.

Usted no me ha preguntado si yo creo en el amanecer. O si creo
que el cielo es azul. O si creo que la Tierra tiene una luna. Estas son
verdades incontrovertidas sobre el mundo físico, donde no tiene
cabida la palabra *creer*. La evolución por selección natural es un
principio no controvertido de la biología moderna. Es decir, no es
cuestionable entre los biólogos. La evolución biológica no cuadra
con el sistema de creencias basado en la fe de los fundamentalistas

religiosos, que invocan a la Biblia como una comprensión infalible del mundo físico.

Esto les lleva a afirmar, por ejemplo, que la Tierra no tiene más de diez mil años de edad. Y que hubo un diluvio literal en el que toda la tierra se cubrió de agua. No hay pruebas que lo apoyen; y no solo eso: todas las pruebas argumentan en contra de esta idea. Así que uno se queda «creyendo» historias que son verificablemente falsas.

De nuevo, gracias por su interés y por sus preguntas.

NEIL DEGRASSE TYSON

VERSÍCULOS CORÁNICOS

El miércoles 3 de junio de 2009, Tahmid Rahim,* musulmán, me preguntó respetuosamente por qué, en varias de mis apariciones en documentales científicos y otros medios, nunca mencionaba la ciencia en el Corán. Observó que el Corán contiene muchos versos que hacen referencia a descubrimientos específicos de la astrofísica moderna, desde la relatividad hasta el universo en expansión. De ser cierto, por tratarse de un libro escrito por Mahoma hace mil cuatrocientos años, sería algo extraordinario.

Hola, Tahmin Rahim:

Gracias por su mensaje.

Uno de los grandes desafíos de las verdades reveladas por los profetas divinos es que nadie ha hecho jamás una predicción exitosa de temas o fenómenos previamente desconocidos que esté basada en el contenido de cualquier texto religioso. Por lo general, lo

---

* Se cambió el nombre.

que sucede es que las personas devotas aprenden lo que descubrieron los científicos en el mundo natural, y luego vuelven a los textos religiosos en busca de pasajes que insinúen lo que ya se sabe. Pero ya que la información extraída llega después del hecho, no es muy útil para el avance de la ciencia. Lo que hay que hacer, si se está convencido de las creencias y de la infalibilidad del Corán, es encontrar predicciones sobre el mundo natural derivadas de versos coránicos que estimulen la investigación. Si algo de eso se demuestra cierto (sería la primera vez que sucediera algo parecido, por cierto), entonces los científicos estarían escarbando todos los días en el Corán en busca de conocimiento.

Esto nunca ha sucedido con ningún texto religioso, y por eso estos no tienen cabida en el salón de las ciencias. A veces, cuando personas con sentimientos religiosos muy fuertes sienten que la ciencia entra en conflicto con sus textos religiosos, luchan contra los conceptos y declaran que algo está mal en la ciencia.

Si me presenta una lista de predicciones de fenómenos desconocidos derivada del Corán, estaré contento de ofrecerle un comentario. De otra manera, la ciencia y la religión no tienen mucho que decirse la una a la otra.

Atentamente,

Neil deGrasse Tyson

PRUEBAS DE DIOS

En un largo intercambio en 2008, Andrew McLemore expresó su entusiasmo por la ciencia como herramienta para asomarse a la obra cósmica de Dios. Pero se preguntaba qué tipo de pruebas podrían convencer a un escéptico de que hay una probabilidad de más del 50 % de que Dios exista.

Estimado Andrew:

A menudo pienso en qué constituiría una prueba de Dios. ¿Qué tal si, después de corregir los sesgos relacionados con los ingresos y con el acceso a los cuidados de la salud, la gente devota viviera más tiempo que los no devotos? ¿Y si, en un accidente de avión, solo sobreviviesen las personas devotas? ¿Y si llegara Jesús, como dicen los creyentes? (Los cristianos han predicho su segundo advenimiento en cientos de ocasiones que ya pasaron y que abarcan los últimos dos mil años).

¿Y si la gente orase por la paz y se detuvieran de forma permanente todas las guerras del mundo? ¿Y si solo les sucedieran cosas buenas exclusivamente a la gente buena y cosas malas solo a la gente mala? ¿Y si un terremoto asolara Lisboa, Portugal, el día de Todos los Santos, mientras están todos en la iglesia, como sucedió en 1755, y matara solo a la gente que no está en misa, en vez de a las decenas de miles de personas que sí lo estaban, como realmente sucedió esa fatídica mañana?

Estos eventos desatarían una conversación seria (científica) sobre la existencia de Dios y cómo trata a la gente que lo venera, en contraste con los que no lo hacen.

Atentamente,

NEIL DEGRASSE TYSON

¿DÓNDE ESTÁN LAS PRUEBAS?

En junio de 2008, Roger argumentó duramente contra los descubrimientos de la ciencia que entran en conflicto con las declaraciones bíblicas sobre la evolución y la edad del universo físico. Incluso me llamó mentiroso arrogante. Basándome tan solo en ese insulto, nuestro intercambio podría haber acabado en el capítulo sobre mensajes de odio de este volumen, pero fundamentalmente discutía sobre los principales descubrimientos de la ciencia moderna, razón por la que es mejor incluirlo aquí, en el capítulo sobre negación de la ciencia.

Roger:

Dudas de todos los métodos de datación que extienden las cronologías del mundo más allá de la historia documentada. Sea cual sea la fuente de tu negación, su prioridad no es tu iluminación intelectual.

Medidas obtenidas por grupos separados que utilizan métodos claramente diferentes para aplicar distintos principios de investigación han mostrado que:

- La edad de los meteoritos es de 4.550 millones de años, +/−0,01.
- La edad de las piedras lunares es de 4.550 millones de años, +/−0,01.
- La edad del Sol es de 4.500 millones de años, +/−0,01.
- La edad de la corteza más antigua de la Tierra, un planeta que recicla su corteza desde y hacia los volcanes, es de 4.000 millones de años, +/−0,01.

La datación con el isótopo de carbono 14 no es efectiva por más de unas cuantas decenas de miles de años, y es útil principalmente para la materia que alguna vez estuvo viva. Así que se utiliza ampliamente para datar artefactos de cavernas de la Edad de Piedra. Pero los isótopos de otros elementos de la tabla periódica son útiles para intervalos de tiempo de millones, decenas de millones, cientos de millones e incluso miles de millones de años.

Después de que se forma, se puede medir qué fracción de un elemento radiactivo se desintegra en otro elemento. Son los que se denominan *elementos hijos*. Cuanto más grande sea la fracción de elementos hijos en una muestra, más antigua será esta. Es así de simple. Algunos elementos se desintegran mucho más lentamente que otros, lo que los vuelve útiles para alcanzar y datar periodos más largos de tiempo. Determinamos la edad del Sol a partir de cálculos basados en su masa y en el ritmo con el que consume energía, dos cantidades que se miden con facilidad. Esto requiere saber que el Sol produce energía a través de la fusión termonuclear del hidrógeno en helio.

Ninguno de estos resultados es cuestionados. Y así ya pasamos al siguiente problema. Si dichos resultados incomodan a algunas personas, encuentro que esto casi siempre deriva del conflicto con una expectativa preexistente de cómo debe ser el universo.

Después te preguntas por qué, si los humanos evolucionaron a partir de los simios, estos dejaron de evolucionar. La selección natural impulsa la evolución. Y la evolución está ocurriendo todo el tiempo a nuestro alrededor. Todo el tiempo. La mejor manera de verla es en especies que tienen ciclos reproductivos veloces, donde se pueden seleccionar e identificar las variaciones en escalas de tiempo breves comparadas con la vida humana. La rama bacteriana del árbol de la vida es enorme: mucho mayor en su variación que la de los vertebrados, por ejemplo. Entre las bacterias, así como entre los virus, vemos especiación todo el tiempo. Algunas de las más visibles son la gripe porcina, el sida y la legionelosis. Esas enfermedades no existían en la naturaleza hasta que mutaron a partir de formas previas y se convirtieron en nuevas especies, lo que les permitió infectar vidas que antes de eso no eran accesibles para ellas.

No todas las especies evolucionan en todo momento. Por ejemplo, los celacantos son unos peces de fondo muy exitosos que no han cambiado de modo sustancial en los últimos 360 millones de años. El cangrejo herradura del Atlántico va incluso más atrás: 450 millones de años. Cuando se trata de una especie exitosa, no hay un motor que propicie el cambio. Mientras tanto, los mamíferos han cambiado dramáticamente en los últimos 65 millones de años. Cuando digo «dramáticamente» me refiero al aspecto visual, no al biológico. Compartimos más del 90 % de ADN idéntico con todos los mamíferos, incluidos los ratones.

Entre los mamíferos del árbol de la vida está la rama llamada *primate*, que incluye a los lémures, los monos y los grandes simios, entre ellos, los humanos. La creencia común es que los humanos evolucionaron a partir de los monos, pero eso no es cierto. Todos tenemos un ancestro en común. El simio que más se parece a nosotros es el chimpancé. En otras palabras, los chimpancés y los humanos tienen un ancestro común relativamente reciente.

Como podrías esperar de esta información, estamos, de hecho, genéticamente más cerca de los chimpancés que de cualquier otro animal del mundo. Al contrario de tus aseveraciones de que los chimpancés y los humanos son completamente distintos, los chimpancés y los humanos tenemos en común cada músculo y cada hueso. Incluso tenemos las mismas expresiones faciales. Pero, más importante, solo presentamos diferencias insignificantes en nuestro ADN. De hecho, en términos genéticos, nosotros y los chimpancés estamos más cerca unos de otros de lo que cualquiera de los dos lo estamos de los «monos del viejo mundo» de África.

Llamo tu atención sobre ello debido a que los dos correos electrónicos que me mandaste no estaban formulados como preguntas. Eran declaraciones, como si hubieras tomado la información de alguna fuente en la que confías. Sin embargo, como decía, esa fuente no tiene como prioridad tu formación científica o tu iluminación intelectual.

Atentamente,

NEIL DEGRASSE TYSON

CAPÍTULO

6

Filosofía

A veces solo hay que hacer una pregunta más profunda.

HOMICIDIO ALIENÍGENA

En febrero de 2007, Michael Cuellar preguntó sobre la legalidad y moralidad de matar a una especie alienígena visitante que pudiera ser más inteligente que nosotros. Su consulta podría formularse así: ¿la fuerza hace la ley?

Hola, señor Cuellar:

No pretendo ser un experto en temas de moralidad, pero me agrada poder ofrecer mi opinión y dar una perspectiva a sus preguntas. Sí, estaría mal en términos morales, a menos que estuviéramos muriendo de hambre y, sin tener otra fuente de alimento, su carne fuera digerible para nuestros estómagos.

Diría que es moralmente reprobable dañar a cualquier ser, sin importar la medida de su inteligencia, sin razones que tengan que ver con promover la propia supervivencia o la de los otros. No puedo imaginar que alguien pueda pensar que no está mal hacerlo. Hay una bibliografía cada vez más amplia sobre derecho espacial, el cual se ocupa del significado de matar a un alienígena visitante cuyos derechos civiles no están protegidos por ninguna Constitución del mundo.

Asimismo, «la fuerza hace la ley» no es lo mismo que «la fuerza hace la moral».

Sin duda, nos costaría trabajo matar a una especie más inteligente que la nuestra. Si suponemos que son más inteligentes que nosotros de la manera en que, por ejemplo, nosotros somos más inteligentes que los chimpancés, entonces no tendrían más razón para temernos de la que nosotros tenemos para temer una revolución de los monos en la jungla.

Sería muy difícil mantener nuestra identidad en secreto, ahora que la burbuja provocada por las emisiones de radio de los seres humanos está a más de setenta años luz ahí fuera, y en expansión.

Gracias por su interés.

Atentamente,

NEIL DEGRASSE TYSON

¿VERDAD O SENTIDO?

Martes, 20 de septiembre de 2005

Dr. Tyson:

Soy profesor de ciencias de bachillerato (de Astronomía y Física) y un gran admirador de su trabajo.

En la actualidad también estoy haciendo el doctorado en Psicología Educativa (en la Universidad de Illinois-Chicago). Este semestre estoy involucrado en un animado debate sobre el papel que desempeña la ciencia en la investigación. Ya destilada, mi pregunta se reduce a lo siguiente: ¿la ciencia está preocupada por la verdad o por la comprensión-sentido? Apreciaría su opinión sobre este asunto.

Con mis mejores deseos de cielos despejados,

KEVIN MURPHY

Estimado señor Murphy:

Gracias por su mensaje.

Nunca he sido un gran admirador de la filosofía en su aplicación a las ciencias físicas en el siglo XX (y XXI). Encuentro que los argumentos comunes se basan más en el uso y el significado de las palabras que en las ideas, y así he descubierto que las discusiones son en gran medida inútiles para el progreso de la ciencia.

Así que rehúso entrar en discusiones sobre las palabras. Preferiría aclarar qué hace la ciencia y dejarles a ustedes la libertad de poner las palabras que deseen a esta empresa. Si coincidimos en la palabra, perfecto; si no coincidimos en la palabra, entonces sigue sin quedar afectada la idea expresada.

Dicho esto, la ciencia busca las tres cosas (verdad, comprensión y sentido), pero principalmente se preocupa por obtener conocimientos suficientes sobre cómo funciona el universo para hacer predicciones comprobables sobre sus comportamientos pasados y futuros. Cuando sea sensato hacerlo, se pueden sustituir los comportamientos pasados y futuros con simulaciones por ordenador.

Si predecimos con precisión y exactitud el comportamiento de la naturaleza, quedamos satisfechos con nuestro trabajo y pasamos al siguiente problema. Yo diría que las ecuaciones principales de la física moderna representan verdades cósmicas. Lo mismo con las ideas principales sobre cómo funciona el universo: la teoría cuántica, la teoría de la relatividad, la teoría de la evolución, la teoría termodinámica, etcétera. Estas verdades proporcionan una comprensión del comportamiento de las cosas y de la existencia de los fenómenos.

La mayoría de las veces, la palabra *sentido* se toma de manera personal. Con frecuencia, la manera en que la gente la usa excluye específicamente a la ciencia, sus métodos y herramientas. Pero podemos imaginar un nuevo tipo de filosofía en el que la ciencia se aplique a cuestiones sociales, políticas o culturales. Por ejemplo, si uno asevera *a priori* que la vida humana es sagrada, entonces las decisiones relacionadas con salvarla y preservarla se vuelven simples cuestiones de razón. Si las vacaciones y la vida hogareña dan más sentido a la vida de las personas, utilizaríamos los métodos y las herramientas de la ciencia para ayudarlas a tomar decisiones que maximicen esta característica de sus vidas. En este momento, políticos, líderes religiosos y abogados argumentan de modo ineficiente estas y otras cuestiones.

Buena suerte con sus estudios. Y gracias de nuevo por sus comentarios y su interés en mis puntos de vista.

Neil deGrasse Tyson

¿Cómo?

Miércoles, 16 de marzo de 2005

Dr. Tyson:

Tuve el placer de asistir a su conferencia anoche con dos de mis colegas. El tema de la relación entre ciencia y religión me fascina desde hace años como científico y como persona religiosa.

Coincido de todo corazón con su conclusión de que utilizar la religión para explicar las fronteras de la ciencia responde a una corta visión. En los últimos años he leído libros en los que el tema común es la necesidad de separar las metas de la ciencia (explicar el cómo) de las metas de la religión (explicar el porqué). Cuando cualquiera de las dos intenta explicar la meta principal de la otra, necesariamente fracasa.

Un apunte filosófico: tengo la sensación personal (lo cual lamento) de que la ciencia está convergiendo con la religión porque se está volviendo una religión. La fe absoluta de que la ciencia puede explicarlo todo (en otras palabras, el cientificismo) es algo que por desgra-

cia aceptan quienes no ven que están creando esta nueva fe. En política, el principio del secularismo es muy parecido.

THOMAS E. DOWNS

Estimado señor Downs:

Esta distinción entre *cómo* y *por qué*, aunque vaya muy acorde con las filosofías emergentes, no es del todo clara. Las siguientes son tan solo unas cuantas preguntas (puras) de por qué la investigación basada en la fe es incapaz de responder, más allá de la respuesta genérica de «porque Dios lo hizo así»:

- ¿Por qué es azul el cielo?
- ¿Por qué la Luna siempre muestra la misma cara a la Tierra?
- ¿Por qué Venus pasa por fases como la Luna?
- ¿Por qué el Sol tiene manchas?
- ¿Por qué los huracanes del hemisferio norte rotan en contra de las manecillas del reloj?
- ¿Por qué hace más calor en agosto que en junio, a pesar de que los rayos del Sol sobre la Tierra son más directos en junio?

Además, tenga en cuenta que no conozco ningún libro que plantee preguntas que la filosofía religiosa basada en la fe responda de forma inequívoca: en otras palabras, preguntas sobre los porqués que puedan responderse de manera que todos coincidamos. Si la fe es una construcción personal, no puede haber un libro de respuestas con el que todos estemos de acuerdo.

Los científicos en activo no van por ahí declarando que la ciencia puede explicarlo todo. Por ejemplo, ninguno de nosotros afirma que la ciencia pueda explicar el amor, el odio, la belleza, el valor o la cobardía. Pero, a medida que la ciencia avanza, estas nociones pueden, de hecho, entrar en el ámbito experimental de la ciencia, como lo han hecho tantos otros temas previamente inextricables. Esta no es una fe absoluta como la describe usted; es una confianza sólida basada en el desempeño pasado de los métodos y las herramientas de la ciencia.

La fe, en el sentido en que se usa comúnmente el término, no requiere pruebas experimentales para sustentar una creencia. Por lo tanto, declarar que la ciencia se está convirtiendo en una religión absoluta, basada en la fe, es una generalización que simplemente no es cierta entre quienes nos dedicamos actualmente a este campo. Encuentro que este argumento se usa sobre todo cuando quien discute escucha que se utiliza la palabra *fe* de forma peyorativa, así que la invoca para atacar a la ciencia, para que la ciencia no retenga esa ventaja filosófica sobre la religión.

Thomas E. Downs continuó...

A fin de cuentas, no me malinterprete: como científico, yo mismo me doy cuenta de que «los científicos en activo no van por ahí declarando que la ciencia pueda explicarlo todo». Sin embargo, la opinión pública (en su mayoría, como resultado de la ignorancia) sí llega a esta conclusión cuando se presenta la ciencia como un ataque contra la religión.

Usted sabe tan bien como yo que la intención de la mayoría de los científicos no es crear una antirreligión, pero hay algunos por ahí que se regodean en ello y en la reacción que esto provoca. Una aclaración rápida. Por razones de espacio, tomada del Merriam Webster:

> *Por qué: causa, razón o propósito.*
> *Cómo: de qué manera o modo; en qué grado o extensión.*

Yo respondí...

Basar una filosofía en la distinción que hace el diccionario entre dos palabras relacionadas no ofrece un terreno firme. Con demasiada frecuencia, los argumentos filosóficos modernos se pueden atribuir a desacuerdos en las definiciones de las palabras, en vez de en el análisis de las ideas mismas.

«¿Por qué el cielo es azul?» es una pregunta que busca una causa, tal como precisa la definición mencionada arriba. Supongo que podríamos reformular la pregunta de otra manera para usar la palabra *cómo*, pero la oración sería torpe y no representaría la manera en la que alguien piensa el problema en la vida real: «¿Cómo se vuelve azul la luz blanca que viene del Sol al pasar por la atmósfera?».

En otro sentido, uno podría preguntar: «¿Por qué estoy aquí?». Una construcción simple y común. Pero yo asevero que esto se puede convertir en una pregunta por el *cómo* con un esfuerzo parecido: «¿Cómo se ensambló la materia inanimada para volverse animada? ¿Cómo evolucionó la materia animada para convertirse en *Homo sapiens*? ¿Cómo se desarrolló el camino del *Homo sapiens* hasta mí, en el aquí y ahora?».

Me parece que la cuestión real no es cómo ni por qué, sino las preguntas mismas, sin preocuparnos por la definición de la primera palabra de la oración. Podríamos hacer un libro de preguntas sobre el mundo que la ciencia responde y este libro seguiría creciendo exponencialmente con un tiempo de duplicación de quince años (basado en las tasas de publicación de investigaciones arbitradas en todas las ciencias).

¿Hay un libro de preguntas con respuestas proporcionadas por la investigación espiritual? (Claro, la religión lleva en ello varios miles de años). Si tal libro existe, ¿cuán grande es? ¿Está creciendo este libro? ¿Se distingue de otras obras escritas que indagan sobre la condición humana, como las obras completas de Shakespeare?

Así que, aunque no voy a declarar que en la actualidad la ciencia pueda responder todas las preguntas, su tendencia a hacerlo es bastante impresionante, en especial cuando se compara con la religión, que pasó la mayor parte de su historia explicando las cosas (respondiendo categorías completas de preguntas) por medio de fuerzas divinas que en realidad tenían explicaciones naturales, como las enfermedades, los huracanes, las órbitas planetarias, etcétera. Recuerde que, en inglés, muchos contratos de seguros todavía se refieren a los desastres naturales como «actos de Dios».

Asimismo, le recuerdo que los ataques contra la religión tienen lugar principalmente entre ateos y no científicos (aunque haya cierto punto de coincidencia, por supuesto, los ateos más ruidosos en general no son científicos). Y aun así, mi lectura de la cultura moderna me dice que los ataques que la religión lleva a cabo contra la ciencia son infinitamente más comunes que lo opuesto, al contrario de lo que usted afirma. Hace poco, en Georgia, la junta escolar quería colocar una etiqueta en los libros de texto de Biología que declarara su descargo de responsabilidad. Pero no encontramos que los científicos pidan que se adhieran descargos de responsabilidad a las Biblias de la iglesia.

El científico antirreligión más visible que conozco es el físico Steven Weinberg. Y a él lo superan con creces escritores científicos a favor de la espiritualidad como Paul Davies, Robert Jastrow y John Polkinghorne.

Aprovecho para recordarle que en el famoso juicio de Scopes o juicio del mono, fue el profesor de Ciencias quien perdió el caso.*

NEIL DEGRASSE TYSON

---

* Estado de Tennessee contra John Thomas Scopes, julio de 1925. El profesor sustituto de secundaria John T. Scopes fue acusado de violar la ley de Tennessee por enseñar la teoría evolutiva en el aula.

¿POR QUÉ?

c. 2009
(Por Facebook)

¿Puedo hacerle dos preguntas rápidas?
1. ¿Es usted admirador de Sam Cooke?
2. ¿Cuál es su opinión sincera de por qué estamos aquí?

JASON HARRIS

Estimado Jason:

1. No soy admirador de Sam Cooke, como tampoco de otros cantautores melódicos de la época.
2. Nunca pienso mucho en el porqué. El porqué implica un propósito establecido por fuerzas externas. Siempre he sentido que el propósito no se define fuera de nosotros, sino en lo más profundo. Mi propósito en la vida es disminuir el sufrimiento de los demás, avanzar en nuestra comprensión del universo e iluminar a otras personas en el camino.

NEIL

YIN Y YANG

c. 2009
(Por Facebook)

Neil:
    Todo lo que he observado y aprendido en este mundo y en el universo parece caber en la noción de yin y yang. Todo fluye en ciclos,

desde las realidades biológicas y físicas hasta las ideologías y los presidentes. Sin embargo, a mi entender, la perspectiva prevaleciente de la astrofísica sobre el fin del universo se acomoda a la ley de la entropía: un desorden cada vez más grande hasta que, básicamente, todo se extiende hasta donde puede. Este me parece el único ejemplo en el que se viola el equilibrio entre el yin y el yang.

Por lo que entiendo, no se ha demostrado que nada viole la ley de la entropía. Sin embargo, el principio del yin y del yang parece funcionar dentro de las leyes de entropía. A su parecer, ¿este es el caso? ¿Existen teorías oscilatorias del universo que permitan reconciliar estas creencias? ¿Qué piensa del tema?

REID TICE

Estimado Reid:

El yin y el yang no ofrecen un valor predictivo, a menos que puedas invocar sus principios para decir cuándo y dónde algo regresará en un nuevo ciclo. Aparte de esto, mi lectura del yin y del yang no es que el mundo funcione por ciclos, sino que está en equilibrio, con formas, temas e ideas opuestas, en tensión mutua, aunque beneficiosa.

Asimismo, muchas cosas no han vuelto en un nuevo ciclo, y lo más seguro es que no lo hagan. Ya no hay esclavitud sancionada por el Estado. Los reyes han perdido la mayoría del poder que alguna vez ejercieron en los ámbitos de la guerra, la cultura y la política.

Marte alguna vez fue un oasis de agua corriente. Hoy es completamente árido, y no hay pruebas de que vaya a volver a su estado previo. Lo mismo sucede con Venus, donde hay un efecto invernadero arrollador que dejó la superficie a 480 °C.

Estamos viviendo más tiempo que nunca con anterioridad. Este avance de la tecnología y su papel en nuestras vidas no son tendencias reversibles. Así que no puedes ignorar todo lo que no regresa en ciclos, elegir lo que sí lo hace y declarar que el yin y el yang son un principio operativo de nuestro universo.

NEIL

PIENSO, LUEGO DUDO

Miércoles, 20 de mayo de 2009

Estimado señor Tyson:

Me siento indeciso. No puedo acercarme a la filosofía sin sentir repulsión por sus cavilaciones no científicas y por su palabrería vacía. Simplemente no entiendo cómo se puede tener tanta confianza en que la explicación particular que uno tiene del universo, o de la conciencia, o del significado del conocimiento, se acerque remotamente a lo correcto sin la experimentación y la revisión por pares necesarias. ¿Puede tomarse en serio este campo cuando, para debatir el punto de vista de otra persona, solo hay que presentar las ideas propias e igual de infundadas?

Sin embargo, muchos de estos filósofos también fueron hombres muy inteligentes. Algunos incluso eran científicos. Sin duda, si estas personas inteligentes cavilan, su pensamiento podría tener cierto mérito. Esto me lleva a mi dilema: no sé cómo reconciliar los campos de la filosofía y de la ciencia, excepto para decir que la filosofía simplemente reflexiona sobre lo que la ciencia todavía no explica. Para mí es una forma relajada y vaga de la teología.

Así que le pregunto: ¿qué opina usted del papel de la filosofía en la explicación del funcionamiento de la mente y del universo, y en el campo de la ciencia?

Muchas gracias por su tiempo.

Respetuosamente,

DANIEL NARCISO

Estimado señor Narciso:

Mis sentimientos coinciden bastante con los suyos. Nunca he visto que un filósofo formado académicamente a partir del siglo XX (en el departamento de Filosofía de alguna universidad) haya logrado algún avance material en nuestra comprensión del mundo natural. Acostumbran a tener una confianza en su conocimiento que no se justifica con los datos y las observaciones del universo físico. Los filósofos no tienen laboratorios. No tienen telescopios. No tienen microscopios. Tienen sus cerebros y sillones, y creen falsamente que con esto basta para obtener una perspectiva sobre los procesos de la naturaleza.

No hablo de otras ramas de la filosofía: ética, filosofía de la religión, filosofía política, etcétera. Lamento la pérdida de filósofos útiles que anteceden a la física moderna: Immanuel Kant, David Hume, Kurt Gödel, Bertrand Russell o Ernst Mach. No es coincidencia que la transición a la inutilidad comenzara cuando nuestros experimentos revelaron aspectos del universo que ya no se ceñían a lo que podríamos llamar *sentido común*: por ejemplo, los principios de la relatividad y los de la mecánica cuántica.

El día en que la conversación de un filósofo sobre «el sentido del sentido» ofrezca una perspectiva útil para el próximo descubrimiento cósmico, con mucho gusto revisaré mi punto de vista.

Le deseo lo mejor,

NEIL DEGRASSE TYSON

EXPRÉSESE

Comunicación sin fecha, c. 2014
(Servicio Postal de Estados Unidos)

Para Neil deGrasse Tyson
  Lo he visto en History Channel, en Discovery Channel, he com-

prado y leído sus libros. Y lo he escuchado en su programa de radio nocturno Coast to Coast.

A lo largo de todos estos formatos mediáticos, ha permanecido constante la manera en que usted se comunica, el estilo con el que se expresa y el modo en que traslada la información, lo que me lleva a mi pregunta.

¿Quién, qué, dónde y cómo aprendió a comunicarse de una manera tan efectiva? Tengo mucha información (en la cabeza), y me cuesta expresarla de forma eficaz. Usted parece capaz de anticipar qué preguntas está pensando una persona mientras lo está leyendo o escuchando, y luego le responde en la siguiente oración o párrafo. Quisiera aprender a tener esa anticipación.

Incluyo un sobre de devolución para su respuesta. La designación del número y la unidad en el sobre se corresponden con mi dirección en la cárcel de Texas en la que estoy recluido.

Muchas gracias,

David Swaim #1436288,
Iowa Park, Texas

Estimado señor Swaim:

Agradezco sus amables palabras sobre mis esfuerzos para comunicar.

Mi filosofía educativa es bastante simple. Piense en un profesor que le da la espalda, que habla y habla mientras escribe en la pizarra frente a la clase. Como estudiante, en especial en la universidad, es su responsabilidad aprender la materia. Usted está pagando por su educación. Así que sus habilidades de aprendizaje, en muchos casos, tendrán que compensar la ausencia de claridad, de entusiasmo o de entrega del profesor. Eso es sentar cátedra.

Ahora piense en un profesor que lo mira de frente en un aula; que establece contacto visual con el público; que ha invertido tiempo y energía en pensar cómo piensan sus alumnos; que presta atención a su capacidad; que es consciente de qué palabras conocen y qué palabras o conceptos confunden; que conoce los datos demográficos de su público: edad, género, nacionalidad, etnia, inclinaciones políticas, inclinaciones culturales, propensión a la risa o al llanto; que conoce con cierta fluidez la cultura popular, lo suficiente para tener referencias y analogías a mano, que usa solo cuando sirvan para enseñar su materia. Esa persona no está sentando cátedra. Esa persona está abriendo vías a la medida del público en ese momento y en ese lugar. Eso es comunicar.

Es una manera de ver y de sentir lo que alguien está pensando para permitirle a uno atender esa curiosidad en ese momento preciso.

Además, la mayoría de mis escritos publicados pasaron al menos por dos editores, estudiantes de Letras en la universidad, a quienes les importa el lenguaje. En al menos uno de mis libros, agradecí a mi editor por ayudarme a «decir lo que quiero decir, y a decirlo en serio».

Así que no hay atajos. Usted sabrá que lo ha conseguido cuando se le acerque gente menos informada y le diga: «Tienes un talento natural para comunicar».

Atentamente,

NEIL DEGRASSE TYSON

PATHOS

Una llamada lastimera a las emociones que residen dentro de nosotros

Vida y muerte

Nunca es fácil vivir la vida. La muerte es incluso más difícil.

RECORDANDO A HOLBROOKE

Titular de The New York Times*: «Richard C. Holbrooke, 1941-2010: una fuerte voz estadounidense en la diplomacia y la crisis».*

Jueves, 16 de septiembre de 2010
The New York Times

Al editor:

Cuando llevé al embajador Richard Holbrooke en un recorrido personal por el recién inaugurado Centro Rose para la Tierra y el Espacio y el Planetario Hayden en el año 2000, no pude evitar notar la fluidez, la profundidad y la amplitud de su curiosidad cósmica.

El verdadero conocimiento científico tiene menos que ver con lo que sabemos y más con la manera en que tenemos programado el cerebro para formular preguntas. Más adelante, en nuestro recorrido, me confesó que, cuando era estudiante universitario en Brown, estudió Física antes de cambiarse a Ciencias Políticas.

No pude resistir preguntarle si exponerse a la física había marcado una diferencia en su carrera como diplomático, en especial en las zonas del mundo tensas y destrozadas por la guerra, que se resisten a los acuerdos de paz.

Respondió enfáticamente que sí, y citó el enfoque inspirado por la física que busca los impulsores fundamentales de una causa o fenómeno, despojados de cualquier ornamento. Para llegar ahí, uno tiene que evaluar cómo y cuándo ignorar los detalles circundantes, que pueden generar la ilusión de ser importantes, pero que, a fin de cuentas, a menudo son distracciones irrelevantes para encontrar soluciones a problemas de otro modo inextricables.

La carrera del señor Holbrooke es la prueba viviente de que hay que tener más negociadores de la paz con formación científica en el mundo.

NEIL DEGRASSE TYSON,
ciudad de Nueva York

UN HOMBRE MUERTO SÍ HABLA

Miércoles, 27 de marzo de 2019

Estimado primo Neil:

El día después de que muriera papá fui a la funeraria para el velatorio. Papá llevaba casi una década enfermo tras una serie de accidentes cardiovasculares debilitantes, y su muerte, aunque dolorosa, era algo que esperábamos.

Al entrar en la funeraria apenas pude ver su cuerpo extendido sobre una mesa, enfrente. Me armé de valor y supe que había llegado la hora de decir adiós. Justo en ese momento, oí una vieja y conocida voz que me decía: «¿Qué cojones estás haciendo, niño? ¡Largo de aquí!».

Me quedé inmóvil y me di la vuelta, pero no había nadie allí.
Yo conocía esa voz; era una voz que llevaba diez años sin escuchar.
El infarto cerebral de mi padre le había cambiado la voz para siempre,
pero en el fondo de mi ser sabía que la voz que oía le pertenecía a él.
Oírlo usar las palabras niño *y* cojones *me confirmó que definiti-*
vamente era él. Siempre me llamó «niño» y, para él, cojones *era solo*
una interjección.
Sin pensarlo, dije (en voz alta): «Vine a verte». Él respondió: «¡No
estoy aquí!». Estaba a punto de irme, pero me detuve en seco, me di
la vuelta y le dije: «¡No! He venido a verte, ¡y te voy a ver!». Él con-
testó: «Está bien, echa un vistazo».
Al acercarme a su cuerpo ya no me sentí triste. Al mirarlo, su cuer-
po parecía de cera; su rostro estaba desfigurado por el tubo que había
tenido que usar para poder respirar, y le oí decir: «¿Lo ves? Te dije
que no estoy aquí».
Sintiéndome más feliz y con más paz que hacía apenas unos minu-
tos antes, salí dando brincos de la funeraria. Años después, todavía
siento que aquello fue real, aunque lógicamente no tiene sentido.
¿Qué crees que pasó en realidad?

SEANLAI COCHRANE,
Delray Beach, Florida

Querido Seanlai:

O mi primo hermano (tu difunto padre) realmente te estaba hablando o tuviste una alucinación acústica con su voz. Aunque la segunda opción es mucho más probable, permíteme sugerir un experimento que puedes llevar a cabo si algo así te vuelve a ocurrir.

La próxima vez que un muerto hable contigo, intenta tener una conversación más informativa. Trata de sacarle datos sobre el más allá. Sé curioso. Haz buenas preguntas. Aquí van algunas de las que se me ocurren:

- ¿Dónde estás exactamente?
- ¿Hay alguien más ahí? Si lo hay, ¿quién es?
- ¿Estás vestido? Si lo estás, ¿dónde conseguiste la ropa?
- ¿Te alimentas con comida? Si es así, entonces, ¿quién la prepara?
- ¿Qué ves a tu alrededor?
- ¿Cuántos años tienes? ¿Cómo estás de salud?
- ¿Existen el día y la noche?
- ¿Duermes? ¿Dónde duermes?

Si tienes un cerebro activo, creativo e imaginativo, es muy posible que la voz alucinada de tu padre te ofrezca respuestas interesantes y plausibles a cada pregunta. Así que, para mitigar esa posibilidad, haz que alguien escriba una frase corta en un papel, por ejemplo: «Qué pasó, colega» o «Los diamantes son para siempre», asegurándose de que tú no lo puedas ver. Luego, levanta el papel y pídele a tu padre fallecido que lo lea. Ahora estás solicitando información que no se encuentra dentro de tu propio cerebro.

Si puedes demostrar que una persona muerta sabe cosas (con precisión) que tú desconoces, te volverás famoso de la noche a la mañana. Si no, entonces atribuye la experiencia a un nuevo engaño de nuestro cerebro, que distorsiona o mezcla las realidades objetivas.

NEIL

DESPEDIDA*

Jueves, 24 de diciembre de 2009

A todos mis profesores y educadores:
Aunque este mensaje los entristezca, espero que cuando termi-nen de leerlo ya no sea así.
La simple realidad médica es que estoy prácticamente muerto. Desde hace un año tengo algunas molestias de salud y decidí hacer-me una revisión; para no alargarme innecesariamente, tengo cáncer en tantas partes de mi cuerpo que dejé de prestar atención al médico después de mencionar las primeras cuatro. Es terminal y a corto plazo.
Solo insistiré en que no quiero recibir correos electrónicos de compasión. Me considero un tipo con bastante suerte. Salí de la vida corporativa en 1995, me jubilé el año 2002 y desde entonces he tenido una vida realmente interesante. Durante los últimos siete años he tenido todo el tiempo para mí, para estudiar ciencias y ma-temáticas, y para ayudar a los que son principiantes en estos estu-dios. Tengo un telescopio de ensueño y he visto maravillas en el cielo nocturno que la mayoría de la gente no podrá ver. En todo este proceso, el universo me ha dado un despertar espiritual que me con-vence de que la vida aquí, en la Tierra, no es nada más que una fase. Y si esto no fuera premio suficiente, he sido bendecido con un «avi-so de dos minutos» para hacer que esta transición sea lo más orde-nada y significativa posible (que, por cierto, me ha brindado el tiempo para apreciar más todo lo que he dado por sentado durante años).
Ustedes han hecho más gratificantes los últimos años de mi

---

* Carta abierta enviada a doce de los profesores favoritos de la serie de ví-deos *Great Courses,* que este caballero vio y disfrutó, el mío entre ellos. Una nota: nos escribimos seis meses antes, en el capítulo sobre crianza de esta colección.

vida: con un objetivo, un motor, un propósito. Muchas personas pasan los últimos años de sus vidas tratando de buscar algo que hacer. Yo estoy un piso por encima de esas personas... El descubrimiento de The Teaching Company,* de la astronomía, de la ciencia y de las matemáticas me ha impulsado hacia estas alturas que, de otro modo, no habría encontrado. No, no han sido solo ustedes: también mi investigación y mis estudios me han impulsado hacia delante; pero han sido ustedes, colectivamente, quienes me proporcionaron la propulsión.

Si acaso llegaran a contestar a este correo electrónico, por favor, que sea para desearme lo mejor en la fantástica aventura que pronto emprenderé. Tengo un alma resistente y saldré adelante.

Buena suerte y gracias a cada uno de ustedes. Jamás subestimen su contribución al mundo. Hablaremos de nuevo al otro lado.

Mis saludos y despedida,

M. J. STALEY, MORG

Querido Morg:

Seguramente ya sabes que una perspectiva cósmica ofrece vistas que pueden ser y servir de bálsamo para el estado actual de tu mente y de tu cuerpo.

Y como reza el dicho: todos vamos a morir, pero solo unos cuantos privilegiados tendrán la suerte de saber cuándo.

NEIL

P. D.: Morg Staley murió ocho meses después, en agosto de 2010.

---

* Compañía ahora llamada The Great Courses, en Chantilly, Virginia.

LA PERSPECTIVA CÓSMICA

Martes, 19 de junio de 2012

Señor Tyson:
    ¡Gracias!
    *En este momento mi madre se está muriendo. He estado a su lado
todo lo que he podido. Nunca pasé mucho tiempo con ella, ya que re-
corrió un camino distinto en la vida; tomó la mano de mi hermana, y
perdí muchos años a su lado.*
    *Hace unos años me preguntó si podía venir a vivir con mi esposa
y conmigo. En realidad, nunca compartimos nada ni discutimos mucho. Pero usted nos ayudó a ella y a mí a encontrar un punto de unión.
Gracias.*
    *Nacemos solos, morimos solos. Lo que hacemos es lo único que
nos llevamos con nosotros.*
    Mi más grande agradecimiento es para usted.
    Respetuosamente,

ROBERT CLARK

Estimado Robert:
    Aunque no lo has especificado, supongo que los temas en co-
mún con tu madre tienen que ver con lo que he escrito o dicho sobre el universo. Algo bueno entre lo mucho que tiene el cosmos es
que nos pertenece a todos. Como consecuencia, cuanto más apren-
des, más obligado te sientes a adueñarte de él.
    En mi lecho de muerte, seguramente dedicaré un pensamiento
al biólogo evolutivo Richard Dawkins. Dawkins subraya que los
que morimos somos los afortunados. La mayoría de la gente —la
mayoría de las combinaciones genéticas de quien podría existir—
jamás nacerá, así que nunca tendrá la oportunidad de morir.
    Esta y otras reflexiones sobre nuestro lugar en el universo nunca

dejan de traerme iluminación intelectual y paz espiritual cuando las busco. Me sentiría honrado de que leyeras los últimos párrafos de «Reflexiones sobre la perspectiva cósmica» a tu madre si todavía hay tiempo para los dos.* Lo reproduzco a continuación.

Fuerza para ti y paz para tu madre.

NEIL

La perspectiva cósmica emana de conocimientos esenciales. Pero se trata de más de lo que sabes. También se trata de tener la sabiduría y la perspicacia para aplicar ese conocimiento y evaluar nuestro lugar en el universo. Y sus atributos son claros:

- La perspectiva cósmica viene de las fronteras de la ciencia; sin embargo, no es únicamente dominio del científico. Les pertenece a todos.
- La perspectiva cósmica es humilde.
- La perspectiva cósmica es espiritual e incluso redentora, pero no religiosa.
- La perspectiva cósmica nos permite entender en la misma idea lo grande y lo pequeño.
- La perspectiva cósmica abre nuestras mentes a ideas extraordinarias, pero no las deja tan abiertas como para que se desparramen nuestros cerebros, dejándolos susceptibles a creer cualquier cosa que nos digan.
- La perspectiva cósmica nos abre los ojos al universo no como una benévola cuna diseñada para cultivar la vida, sino como un lugar frío, solitario y peligroso que nos obliga a reconsiderar el valor de cada humano para otro.

* *Astrophysics for People in a Hurry*, Nueva York, W. W. Norton, 2017, págs. 205-208 (trad. cast.: *Astrofísica para gente con prisas*, Barcelona, Paidós, 2017).

• La perspectiva cósmica muestra la Tierra como un punto. Pero es un valioso punto y, de momento, es el único hogar que tenemos.

• La perspectiva cósmica halla belleza en las imágenes de planetas, lunas, estrellas y nebulosas, pero también celebra las leyes de la física que les dan forma.

• La perspectiva cósmica nos deja ver más allá de nuestras circunstancias, permitiéndonos trascender la primigenia búsqueda de comida, refugio y sexo.

• La perspectiva cósmica nos recuerda que en el espacio, donde no hay aire, no ondeará una bandera (una señal de que quizá ondear banderas y la exploración espacial son incompatibles).

• La perspectiva cósmica no solo acepta nuestro parentesco genético con toda la vida en la Tierra, también valora nuestro parentesco químico con cualquier vida en el universo por descubrir, igual que nuestro parentesco atómico con el universo mismo.

Somos polvo de estrellas.

Robert Clark respondió:

Gracias. Su fuerza me ha ayudado mucho y sus ánimos no han pasado desapercibidos para mi madre. Ella está más estable, pero todavía sigue en el ala de cuidados intensivos del hospital.

Por lo visto, la alentó muchísimo saber que las personas que admira están con ella. Me sentaré junto a ella este fin de semana y volveré a leerle el ensayo completo. Mi madre quería oír todas sus palabras y reaccionó mejor a estas que a las de la Biblia, que otros han estado leyéndole (¡detesto ponerlo bajo tanta presión!).

Gracias de nuevo, y siempre uno de sus estudiantes,

ROBERT CLARK

INDAGAR EN EL ALMA

En julio de 2007, Jeff Ryan me escribió preguntando sobre la vida después de la muerte. ¿Tenemos un alma o una esencia que se transfiere y obtiene así una existencia eterna? Pero, más importante para su curiosidad, ¿qué dice la ciencia de todo eso?

Querido señor Ryan:

El cuerpo humano contiene una cantidad mensurable de energía, almacenada químicamente (en su grasa y en todos los demás tejidos blandos), así como la energía derivada de existir a 37 °C, una temperatura generalmente por encima de la temperatura ambiental y que se sostiene mientras estamos vivos gracias a la liberación de energía química almacenada dentro de nuestros cuerpos. También albergamos billones de organismos simbióticos y parasitarios en la piel, en especial en el tracto digestivo.

Cuando morimos, nuestros procesos químicos (el metabolismo) dejan de funcionar e inmediatamente comenzamos a perder energía en el aire a medida que se enfría nuestro cuerpo. El resto de nuestro cuerpo se vuelve un alimento sabroso para los microorganismos que ya están en él, así como para otros que se sienten atraídos, como las larvas de mosca, las lombrices, etcétera. Con el tiempo, el contenido energético total de nuestro cuerpo regresa a la Tierra y a la atmósfera de donde vino.

Si se incineran los cuerpos, nada de esta energía regresa a la naturaleza, aunque hayamos obtenido de ella nuestras fuentes de alimento durante toda la vida. Cuando nos incineran, la energía química almacenada se libera a la atmósfera, calienta el aire y luego irradia energía al espacio.

Por esta razón, tengo una clara preferencia por ser enterrado, para completar así el ciclo energético que comenzó con mi nacimiento.

Mi razonamiento deriva de principios químicos y físicos mensurables.

Si usted cree que tiene un alma, como aseveran varias religiones del mundo, entonces su existencia se basa en la fe, y no puede apelar a los métodos y las herramientas de la ciencia para decir qué sucede con esta. A menos que, por supuesto, pueda hacer una predicción comprobable de cómo medir el alma. De hecho, se intentó poco tiempo después del descubrimiento de los rayos X. Ansiosa por comprobar su fe en el alma, la gente identificaba a pacientes moribundos en el hospital y los radiografiaron en el momento de la muerte para ver si algo surgía de sus cuerpos. No vieron nada.

Atentamente,

NEIL DEGRASSE TYSON

HURACÁN KATRINA

27 de enero de 2012
(Por Facebook)

¿Por qué todos tienen tanta prisa por ayudar a la gente de Haití, pero se olvidan de los pobres y desplazados de Estados Unidos? ¿Por qué no donar mejor a una organización caritativa que ayude a este país? Aquí sigue habiendo gente tan afectada por el Katrina como lo está la población de Haití, pero nadie se preocupa por ellos.

RON MARISH

Estimado Ron:

Las escalas importan. Alrededor de dos mil personas murieron en Nueva Orleans debido a los fallos en los diques. Mientras tanto, las muertes por el terremoto de Haití llegaron a un cuarto de millón: casi el 3 % de la población de esa nación. Así que la magnitud del terremoto de Haití empequeñece la magnitud del Katrina.

En lo personal, mi límite es cuando la gente pasa por encima de un ser humano sin techo, que vive en la calle, para alimentar o adoptar a un perro callejero.

NEIL DEGRASSE TYSON

P. D.: estimaciones más recientes del Gobierno redujeron las muertes del terremoto de 2005 a menos de cien mil.

CURAR LAS ENFERMEDADES

A Randy M. Zeitman le interesaba un antiguo dilema: si las personas con un talento intelectual especial deberían perseguir sus propios intereses o dedicar su capacidad mental a resolver los problemas urgentes de la sociedad. Cuestionó el valor de pisar la Luna o del telescopio espacial Hubble cuando aún no hemos curado el cáncer o seguimos teniendo problemas para alimentar al mundo. En octubre de 2004, el señor Zeitman me retó (amablemente) a reflexionar sobre esta tensión entre hacer lo que uno quiere y hacer lo que es correcto.

Estimado señor Zeitman:

Gracias por compartir sus comentarios y perspectivas críticas. Alguna vez me he sentido exactamente como usted, pero cambié de parecer después de aprender algunos hechos básicos (aunque no lo bastante apreciados) de la vida y la sociedad.

Usted ha mencionado la cura para el cáncer. El dinero de los impuestos que se gasta en investigar el cáncer y otras enfermedades en Estados Unidos excede al que gastamos en el espacio por un factor de diez. Si se incluye el gasto en investigación y desarrollo (I+D), privado o corporativo, para curar la enfermedad, el factor se eleva a cien. Así pues, no se trata de que no invirtamos enormes recursos en estos campos cruciales. Simplemente resulta que la NASA es uno de los blancos más visibles para su línea de argumentación.

Tenga en cuenta que usted no comparó el coste de curar el cáncer con el dinero que gastan los estadounidenses en el Departamento de Defensa o en los subsidios a la agricultura. ¿Por qué no? El Departamento de Defensa gasta en diez días lo que la NASA en un año, y eso sin incluir el coste de las ayudas a los veteranos. Estados Unidos gasta más de 100.000 millones de dólares al año en pagos en efectivo a los agricultores para que *no* cultiven, lo que representa más de seis veces el presupuesto anual de la NASA.

Sin embargo, lo que es más importante que cualquiera de las comparaciones anteriores es el hecho de que las opciones verdaderamente innovadoras para los problemas vienen principalmente de la «fertilización cruzada» entre diferentes disciplinas. Y esta fertilización es completamente impredecible en su naturaleza y dirección. Existen múltiples ejemplos en el campo de la salud, y miles más en otros campos: se inventó un nuevo algoritmo computacional para el análisis de imágenes cuando se lanzó el telescopio Hubble y se descubrió que estaba defectuoso. Para mejorarlo, lo mejor que se podía hacer era aplicar dicho algoritmo a las imágenes borrosas. Resulta que dicho algoritmo era ideal para la detección temprana del cáncer de mama, haciendo posibles los diagnósticos mucho antes de que el ojo humano más entrenado pudiera determinar que la enfermedad estaba presente. Hay pocos médicos con los conocimientos necesarios para ni siquiera pensar en aplicar algoritmos computacionales a este propósito. Y lo mismo sucede con las máquinas de rayos X (inventadas por físicos que exploraban el espectro electromagnético), las máquinas de imagen por resonancia magnética (un concepto descubierto por físicos) y los dispositivos de ultrasonido, desarrollados por el Ejército para la vigilancia submarina.

También diré que mi visibilidad como científico afroamericano sirve para romper con estereotipos que en sí le cobran un precio incalculable a la sociedad, en la medida en que distintas oportunidades y recursos se pierden debido a que la gente en el poder no considera que las personas de color tengamos la entereza intelectual necesaria para competir en el trabajo, el mundo académico o en otros ámbitos.

Así que no podría estar en mayor desacuerdo con su afirmación. La manera en que funciona la sociedad lo refuta firmemente. En la medida en que usted representa una minoría silenciosa, me intriga la fuerza de sus convicciones.

Vivimos en una nación rica, la más rica que el mundo haya conocido jamás. De alguna manera, nuestra cultura se define (pasiva o activamente) por lo que hacemos como nación, lo que se expresa mediante las prioridades de financiación decididas en el Congreso. El Fondo Nacional para las Artes está financiado porque contribuye a la calidad de vida que disfrutamos como estadounidenses. La Fundación Nacional para la Ciencia impulsa investigaciones básicas que la historia ha demostrado que son fundamentales para el progreso tecnológico, en especial allí donde no llega la I+D corporativa. El Instituto Smithsoniano está financiado debido a que valoramos la preservación de lo que somos y de lo que hemos sido, para nosotros y para el mundo. El Ejército es financiado porque nosotros (como nación) valoramos, por encima de todo, la seguridad real o percibida que conlleva. Los Institutos Nacionales de Salud son financiados porque nos importa muchísimo curar las enfermedades... y así sucesivamente. Esta es la mezcla que define a Estados Unidos como nación.

Supongo que otra forma de establecer prioridades sería clasificar los problemas de Estados Unidos (y del mundo) y resolverlos por orden, aplicando todos los recursos a la vez. Creo que este escenario se ajusta más a su idea de lo que debería hacer con mi vida. Sin embargo, la historia de la búsqueda de soluciones no apoya esta afirmación. Como decía, es común que las soluciones más innova-doras a los problemas vengan desde fuera del propio campo: de personas inspiradas por diferentes prioridades. El Gobierno lo sabe (principalmente por su experiencia bélica, y no porque tenga una percepción profunda de la naturaleza humana) y lo valora a través de elevadas inversiones en ciencia pura, en comparación con las artes, por ejemplo.

Nadie ha sugerido jamás que obtener imágenes del Hubble sea más importante que alimentar a la población. Pero esta es la premi-sa que parece estimular sus objeciones. El mejor de los mundos implica hacerlo todo. E, incluso con los fallos en el sistema, lo hace-mos mejor que nadie.

De nuevo, gracias por su interés en mi entrevista, y aprecio sus comentarios a pesar de nuestros puntos de desacuerdo (o quizá gra-cias a ellos).

Atentamente,

NEIL DEGRASSE TYSON

SEMPER FI

Jueves, 14 de marzo de 2019

Hola, Neil:
Han pasado muchas cosas desde la última vez que te escribí.* No estoy seguro de por dónde comenzar. Algunas noticias son buenas, pero la mayoría malas.

Supongo que empezaré por lo bueno. Mi carrera ha avanzado de forma asombrosa. Acepté un trabajo pilotando el transporte médico

---

* El primero de los cinco correos electrónicos que me envió Jay fue en el año 2013.

de emergencia Flight For Life, ¡y salvé algunas vidas! Ahora estoy de vuelta en Las Vegas, como piloto en jefe de los helicópteros Maverick, haciendo recorridos para mostrar a la gente cómo se formó la Tierra a través de algunos de los estratos del Gran Cañón. En ese sentido, ¡las cosas van viento en popa!

En cuanto a lo malo, no sé por dónde empezar. He pasado por bastante. Sé que no sabes mucho de mí por los pocos correos electrónicos que intercambiamos (más allá de que soy un gran admirador tuyo). Estuve seis años en el cuerpo de Marines y en ese tiempo perdí a unos cuantos amigos; uno de ellos era mi mejor amigo. Siento que he pagado un precio muy alto por esa etapa desquiciada de mi vida. Fue entonces cuando conocí a mi esposa y tuvimos a nuestra hija. ¡Estaba en las nubes! Mi esposa trabajaba para el campo de pruebas de Nevada como ingeniera y éramos perfectos el uno para el otro.

A ella le diagnosticaron cáncer de mama hace unos cuatro años. Luchó como una campeona durante tres años, pero el año pasado perdió la batalla. Pensaba que estaría preparado, pero me rompí. Si no hubiera sido por nuestra hija, Ella, no estoy seguro de haber podido recuperarme.

Solo quería ver cómo estabas y saber cómo te está yendo. Disculpa si este correo electrónico es un poco gris, ¡pero espero que te esté yendo bien! Todavía te sigo, ¡y siempre te cubriré la espalda!

Tu amigo,

JAY SCOBLE

Viernes, 15 de marzo de 2019

Querido Jay:

Cuando evaluamos todas las partes y funciones del cuerpo humano, debería asombrarnos que la fisiología siquiera funcione. Así que cuando fallan las piezas, como nos sucederá a todos en algún momento, o incluso cuando nos alcanza la tragedia, como ha sido el caso de los amigos del cuerpo de Marines que has perdido, no reflexionamos lo suficiente sobre lo asombroso que es, de entrada, estar vivo.

Además, considera que el genoma del *Homo sapiens* es capaz de generar billones de humanos únicos, lo que significa que la mayoría de la gente que podría existir ni siquiera llegará a nacer. Así que la muerte es una especie de privilegio para los pocos que hemos conocido la vida.

Este tipo de perspectiva cósmica me brinda el poder de celebrar todos los días mi existencia. Y la comparto contigo como una especie de consuelo científico para la vida y la muerte de tus seres amados.

Que la paz sea contigo.

NEIL

CAPÍTULO

8

Tragedia

Este capítulo contiene cartas con mi testimonio directo de los ataques del 11 de septiembre de 2001 contra las Torres Gemelas del World Trade Center en la ciudad de Nueva York, escritas principalmente para apaciguar las preocupaciones de quienes sabían de mi proximidad al peligro. Este capítulo también incluye un poco sobre teorías conspirativas y un intercambio franco con un místico.

EL HORROR, EL HORROR*

Miércoles, 12 de septiembre de 2001
10:00

Querida familia, amigos y colegas:
Toda mi familia está a salvo. Desalojamos nuestra residencia en el Bajo Manhattan alrededor del mediodía de ayer y fuimos a pie hacia el norte, a la terminal Grand Central (a unos cinco kilóme-

---

* Un correo electrónico reenviado en muchas ocasiones, que una semana después se volvió tema de un artículo en *The Wall Street Journal* sobre el uso extendido de la web para comunicar las noticias trágicas del día.

tros), donde tomamos el ferrocarril MetroNorth hasta el hogar de mis padres en Westchester, desde donde escribo este mensaje.

Vivimos a cuatro manzanas del World Trade Center, a la vista de las dos torres, del Ayuntamiento y del City Hall Park. Por casualidad, ayer estaba trabajando en casa. Mi mujer salió a trabajar a las 8:20 horas de la mañana. Yo salí al mismo tiempo para votar en las elecciones primarias para la alcaldía de la ciudad de Nueva York. Mi hijo de nueve meses estaba en casa, con nuestra niñera. Mi hija de cinco años asistía a su segundo día en la escuela infantil pública 234, a tres manzanas del World Trade Center. Formaron las filas en el patio a las 8:40 horas, a plena vista de una de las torres del World Trade Center.

Cuando el primer avión la golpeó a las 8:50, evacuaron la escuela sin incidentes. Observé que había fuego en la primera torre, en un piso alto, cuando volví de votar, alrededor de las 8:55 horas. Vi cómo se agolpaba una multitud de curiosos al fondo de City Hall Park mientras se oían las sirenas de incontables camiones de bomberos, coches de policía y ambulancias al pasar.

Fui a casa, cogí mi cámara de vídeo, salí a la calle y comencé a grabar. Me considero emocionalmente fuerte. Sin embargo, lo que presencié fue especialmente perturbador, con imágenes indelebles de horror que no olvidaré pronto.

1. Primero veo fuego en un piso alto de la primera torre. No solo llamas que salen de algunas ventanas, sino cuatro o cinco pisos completos que se incendian, con humo que penetra en los pisos que están aún más arriba.

Eso es de por sí terrible, pero entonces:

2. Observo que algunos escombros están cayendo de forma claramente distinta entre los papeles y los fragmentos de acero derretido que flotaban hacia el suelo. No son partes del edificio lo que está cayendo: son personas que saltan de las venta-

nas, y sus cuerpos descienden rápidamente desde el piso 80. Cuento unas diez caídas de este tipo, y morbosamente capto tres de ellas en vídeo.

Eso es de por sí terrible, pero entonces:

3. Estalla el fuego desde una esquina de la segunda torre, como a dos terceras partes de su altura, quizá en el piso 60. La bola de fuego crea una intensa radiación de calor que nos obliga a todos a girar la cabeza. Desde donde estoy, no puedo ver el avión que lo causó, el cual había chocado con el otro lado del edificio, a ciento ochenta grados. En ese momento tampoco sé que el golpe lo ha ocasionado un avión. Al principio pensé que era una bomba, pero la explosión no estuvo acompañada de esa reveladora onda de choque acústica que sacude las ventanas. Oí simplemente un estruendo de baja frecuencia.

4. Al estallar desde la esquina del edificio, la bola de fuego era tan grande que se extendió hasta el otro lado, hasta la primera torre. El hecho de que estallara esa parte del edificio me dice que el combustible encendido del *jet* se concentró en los lados del piso contra el cual chocó el segundo avión, lo que provocó una presión explosiva aumentada. Con las llamas salieron volando miles y miles de hojas de papel que revolotearon hasta el suelo, como si se hubieran vaciado todos los archivadores de varias plantas.

5. Que estuviera ardiendo la segunda torre nos dejó claro a todos los que estábamos en la calle que el primer incendio no había sido un accidente, y que el complejo del World Trade Center estaba sufriendo un ataque terrorista. De forma morbosa, tengo el estallido grabado y los sonidos de la multitud horrorizada que me rodeaba. En ese momento dejé de filmar y volví a mi apartamento.

Eso es de por sí terrible, pero entonces:

6. A medida que más y más y más y más y más vehículos de emergencia llegan al World Trade Center, oigo una segunda explosión en la segunda torre; luego, un fuerte estruendo de baja frecuencia que precipita lo impensable: el derrumbe de todos los pisos que hay encima del punto de la explosión. Primero la superficie superior, que contiene el helipuerto, se inclina lateralmente a plena vista. Luego, los pisos superiores caen directamente con una implosión tipo demolición, arrastrando consigo todos los pisos inferiores, incluso los que estaban debajo del punto de la explosión. En su lugar se levanta una densa nube de polvo espeso que se derrama rápidamente por el laberinto de calles que atraviesan el Bajo Manhattan.

7. Cierro todas las ventanas y persianas. A medida que la nube de polvo se traga mi edificio, una oscuridad inquietante me rodea: el tipo de oscuridad que experimentas antes de una tormenta intensa. Me asomo por la ventana y no puedo ver más allá de treinta centímetros de distancia.

Eso es de por sí terrible, pero entonces:

8. Al otro lado de mi ventana, después de unos quince minutos, aumenta la visibilidad a unos cien metros, y noto una capa de unos dos centímetros de polvo blanco por todas partes. Es entonces cuando me doy cuenta de que cada uno de los vehículos de rescate que se habían estacionado en la base del World Trade Center ahora deben de estar enterrados bajo ciento diez pisos colapsados, con escombros enmarañados y metros de polvo. Este derrumbe arrasó toda la primera ronda de esfuerzos de rescate, incluyendo, seguramente, a cientos de oficiales de policía, bomberos y médicos.

9. A medida que aumenta la visibilidad, puedo ver el cielo azul allí donde solía estar la segunda torre.

Eso es de por sí terrible, pero entonces:

10. Decido que es hora de ir a buscar a mi hija, ya que los padres de una de sus amigas se la llevaron a un pequeño edificio de oficinas a seis manzanas del World Trade Center y de mi apartamento. Mientras me visto con ropa de supervivencia (botas, linterna, toallas mojadas, gafas de natación, casco de bicicleta, guantes), oigo otra explosión seguida de un estruendo, que para entonces ya me resulta demasiado familiar, que señala el derrumbe de la primera de las dos torres que fue golpeada. Veo cómo baja en picado la icónica antena del edificio con una implosión idéntica a la primera.

11. Esta nube de polvo es más espesa y oscura, y se mueve con más rapidez que la primera. Cuando esta ronda de polvo alcanza mi apartamento, quince segundos después del derrumbe, el cielo se oscurece como si fuera de noche, con una visibilidad de no más de un centímetro. Se vuelve cada vez más difícil respirar en el apartamento, pero la situación parece estabilizada.

12. En ese momento, no albergo esperanza alguna de supervivencia para cualquiera de los equipos de rescate que estaban en la escena.

Eso es de por sí terrible, pero entonces:

13. Se vuelve a asentar la nube, y ahora deja un total de unos siete centímetros de polvo en el exterior de mi ventana. Otra oscura nube de humo ya ocupa la zona en donde alguna vez se alzaban los dos edificios de ciento diez pisos. Sin embargo, esta nube no es del tipo de las que se calman: es humo de los incendios de las plantas bajas. En este momento, se está volviendo cada vez más difícil respirar el aire del apartamento y queda claro que debemos evacuarlo, especialmente por la probabilidad de que se

filtre el gas subterráneo. Meto en mi mochila más grande objetos de supervivencia, pongo a mi hijo en el cochecito más fácil
de manejar y salgo con nuestra niñera, quien se dirige al puente
de Brooklyn para cruzarlo caminando hacia su casa.

14. Me dirijo adonde tienen a mi hija, en una calle tranquila, a
barlovento de la zona de escombros. Tiene buen ánimo, pero
está claramente alterada. Me ha dado un dibujo que hizo
mientras esperaba a que yo llegara, que muestra a las Torres
Gemelas con humo y fuego saliendo de ellas, como solo podría dibujarlas alguien de cinco años. «Papá, ¿por qué crees
que el piloto chocó su avión contra el World Trade Center?»,
«Papá, quisiera que todo esto solo fuera un sueño», «Papá, si
no podemos regresar a casa esta noche por todo el humo,
¿van a estar bien mis peluches?».

Eso es de por sí terrible, pero entonces:

15. Desde la calma de un sofá tapizado en la oficina donde cuida-
ban a mi hija, con mi hijo bajo un brazo y mi hija bajo el otro,
me doy cuenta de que, completamente llena, cada torre del
World Trade Center tiene capacidad para diez mil personas.
Por lo que presencié, no tengo razones para creer que cualquiera de ellas haya sobrevivido. De hecho, no me sorprende-
ría que el número de víctimas llegara a veinticinco o treinta mil.
Debajo de las torres hay todo un universo con seis niveles sub-
terráneos que contienen docenas de plataformas del metro,
más unas cien tiendas y restaurantes. Las torres simplemente se
desplomaron sobre ese agujero: un agujero lo suficientemente
grande como para haber proporcionado un vertedero para el
World Financial Center al otro lado de la autopista del West
Side, frente al World Trade Center.

Eso es de por sí terrible, pero entonces:

16. Me doy cuenta de que, si el número de muertes es tan alto como sospecho, este incidente es muchísimo peor que Pearl Harbor, en donde murieron varios miles de personas. Es más espectacular y trágico que el del *Titanic*, el *Hindenburg*, el de la ciudad de Oklahoma, los coches bomba y los secuestros de aviones. El número de muertes en este periodo de cuatro horas será casi la mitad del número de muertes estadounidenses en toda la guerra de Vietnam.*

Volví a contactar con mi esposa a las cuatro de la tarde y me reuní con ella justo al norte de Union Square Park, antes de caminar otro par de kilómetros al norte hasta la terminal Grand Central para viajar a Westchester, al norte de la ciudad de Nueva York.

Nunca volveré a ser el mismo después de ayer, de un modo que no puedo predecir. Supongo que ahora mi generación acompaña las filas de quienes experimentaron horrores innombrables y sobrevivieron para contarlo. Qué ingenuo fui al creer que el mundo es fundamentalmente distinto al de nuestros ancestros, cuyas vidas cambiaron al ser testigos de los actos de guerra más viles en el siglo XX.

Que la paz sea con todos.

NEIL DEGRASSE TYSON,
Hastings-on-Hudson, Nueva York

* Mis peores temores sobre el número de víctimas eran demasiado altos. En ese momento imaginé veinticinco mil muertes: la pérdida de dos complejos de oficinas de ciento diez pisos completamente llenos. Pero a esa hora de la mañana era tan temprano que faltaba mucho para que las torres estuvieran llenas de gente. El número de muertes de las tres ubicaciones en total —Nueva York, Washington D. C. y Pensilvania— fue de «solo» 2.998 personas, de las que 2.606 murieron en el World Trade Center.

Crepúsculo sobre el World Trade Center

Esta carta de amor apareció en el número especial Ciudad de las Estrellas, *de la revista* Natural History.

Enero de 2002

Elevándose medio kilómetro en el cielo, las Torres Gemelas del World Trade Center medían alrededor de cinco manzanas de altura.

Vivo a cuatro manzanas de donde estaban. Las vi en llamas. Las vi caer desde la ventana de mi comedor, que a los diez segundos del colapso de cada torre ofrecía menos de tres centímetros de visibilidad, mientras pasaba rodando la nube de polvo opaco de hormigón pulverizado. Desde esa misma ventana, ahora se ve el cielo azul en donde solían estar las Torres Gemelas.

El World Trade Center era un verdadero universo vertical. Pienso en ello a menudo: pienso en las personas que trabajaban en las torres, los turistas que visitaban la plataforma de observación, los comensales de Windows on the World. Pienso en todos los que perdieron la vida.

Cuando me esfuerzo por buscar una manera pacífica de recordar las torres, no puedo evitar pensar en ellas como observatorios. En el piso superior podías teclear tus saludos en un ordenador que transmitía tu mensaje hacia el espacio a través de la antena de radio de la Torre Norte para que la pudiera decodificar cualquier extraterrestre chismoso. Las torres eran tan altas que, para alguien que estuviera en la plataforma de observación, el horizonte estaba a setenta y dos kilómetros de distancia. Esta distancia era lo suficientemente lejana de la superficie curva de la Tierra como para que el Sol se pusiera dos minutos después para la persona que estaba en la plataforma de observación que para quien estuviera en la planta

baja. Si hubieras podido subir corriendo por las escaleras a la velocidad de un tramo por segundo, habrías detenido la puesta del Sol,
literalmente. Qué pena: con el tiempo se te habría acabado el alien-
to o se te habrían acabado los pisos. En todo caso, en ese momento
entraría la noche, mientras el Sol se pondría suavemente bajo tu
horizonte.

Las Torres Gemelas de la ciudad de Nueva York han perdido el
Sol para siempre. Pero me consuela saber que volverá a salir cada
día, como lo ha hecho un billón de veces antes.

ANIVERSARIO DEL WORLD TRADE CENTER

Miércoles, 11 de septiembre de 2002
The New York Times

Al editor:

Cuando pienso en los aniversarios, pienso en ocasiones para recordar a la gente, los lugares y los acontecimientos que, en gran parte, se han olvidado en el transcurso del año anterior. Con todo, para
mí no ha pasado un solo día en el que no haya pensado en el World
Trade Center y en las miles de vidas que se perdieron entre sus escombros, a tan solo cuatro manzanas de mi hogar. Así que tal vez
utilice el aniversario como pretexto para tratar de pensar en otra
cosa por un día.

NEIL DEGRASSE TYSON,
ciudad de Nueva York

LAS BANDERAS DE NUESTROS PADRES

Viernes, 7 de diciembre de 2012
The New York Times

Al editor:

Durante la mayor parte de mi vida me he preguntado si el ataque japonés contra Pearl Harbor el 7 de diciembre de 1941, en el que murieron dos mil cuatrocientos estadounidenses, algún día se disiparía emocionalmente: tal vez a medida que el acontecimiento se fuera volviendo una memoria distante o a medida que fallecieran los que habían sido testigos de él. El 7 de diciembre de 1991, en el cincuenta aniversario de Pearl Harbor, se me ocurrió que uno sigue recordando la tragedia mientras no llegue una tragedia mayor y más reciente que obstaculice su recuerdo a través del tiempo. De hecho, diez años después, el 7 de diciembre de 2001, apenas tres meses después de que tres mil estadounidenses murieran en los ataques terroristas del 11 de septiembre de 2001, casi no se prestó atención a Pearl Harbor, excepto como medida de comparación para el 11 de septiembre. Sería bueno que prevalecieran la paz y la tranquilidad, pero eso tendría la consecuencia necesaria de que mi vista del 11 de septiembre seguirá despejada, para bien o para mal.

NEIL DEGRASSE TYSON,
ciudad de Nueva York

HEAVY METAL

Martes, 31 de marzo de 2009

Señor Tyson:
    Es un placer escribirle. Me he vuelto un gran admirador suyo desde que lo vi por primera vez en The Daily Show *(o quizá en* The Colbert Report*). Mi novia y yo apreciamos mucho sus opiniones, su sentido del humor y su manera de abordar temas tan interesantes. La razón por la que le escribo hoy tiene que ver con los aspectos científicos más controvertidos de los acontecimientos del 11 de septiembre. Sé que usted estuvo ahí ese día, y si de alguna manera este es un tema poco apropiado o que prefiere no tocar, pido disculpas y lo respeto.*
    Mi preocupación tiene que ver con el punto de fusión del acero y si las tres torres, incluyendo la WTC-7 (la tercera torre que se derrumbó), podrían haberse derrumbado como lo hicieron sin el uso de una demolición controlada. Richard Gage, el fundador de Architects and Engineers for 9/11 Truth, tiene un espectáculo itinerante muy interesante que utiliza para tratar de abrir a la gente a la idea de que las torres del World Trade Center realmente se derrumbaron con una demolición controlada. Lo aliento a ver su espectáculo en persona o a hablar con él si alguna vez tiene la oportunidad.
    Por favor, hágame saber su opinión, sea cual fuere, cuando le resulte más conveniente. Realmente vendría bien la opinión de una mente tan respetada como la suya para un tema como este. Espero que todo esté bien y muchas gracias por su tiempo.

SIMON NAYLOR

Estimado señor Naylor:
    En cualquier acontecimiento singular habrá siempre elementos que no se puedan explicar, ya que no tienen precedentes.

Sin embargo, siempre se debe reconocer la diferencia entre saber que algo es cierto, saber que algo no es cierto y no saber si es lo uno o lo otro. No saberlo es lo que deja que los acontecimientos singulares sean susceptibles de relatos inventivos (especialmente por parte de los teóricos de la conspiración) sobre lo que pudo haber sucedido.

Y, claro, los teóricos de la conspiración saben las respuestas antes de investigar, lo que contamina su análisis: eso los conduce a aceptar lo que apoya sus tesis y a rechazar, ignorar o pasar por alto aquello que entra en conflicto con ellas. Este efecto psicológico es muy conocido entre los investigadores, y por eso es tan importante la revisión de pares o el arbitraje.

La hipótesis de la demolición controlada *requería* que las torres se derrumbaran en una caída libre casi gravitacional. La rápida caída de las torres fue muy citada por los negacionistas del 11 de septiembre como prueba. Esa afirmación me pareció intrigante y la puse a prueba. A partir de vídeos del suceso, medí el tiempo del colapso de cada torre. De hecho, tardaron casi dos veces más en caer de lo que sucedería con la caída libre. Esto puede establecerse a partir de ecuaciones que se aprenden el primer año de Física.

Se lo dije a un negacionista del 11 de septiembre en una cadena de correos electrónicos muy apasionada, y él me contestó, con copia a docenas de personas, para decirme que yo mentía y que estaba colaborando con el Gobierno.

Mientras tanto, los negacionistas del 11 de septiembre *no* citan la caída de las torres a una velocidad más lenta que la libre como prueba fehaciente que va en contra de sus teorías.

Se alimentan de aspectos sin explicación de los acontecimientos de aquel día, uniéndolos de manera que respalden su tesis. Y, por supuesto, dejan a un lado que no tienen explicación, y que por lo tanto ni apoyan ni refutan la tesis de nadie.

Atentamente,

NEIL DEGRASSE TYSON

Simbolismo, mito y ritual

Domingo, 11 de noviembre de 2009

Estimado Neil deGrasse Tyson:
   Espero que no le parezcan demasiado extrañas las siguientes pre-
guntas. Lo que busco es responder, basándome en las investigaciones
que he hecho sobre fuentes ancestrales y esotéricas, si puede haber al-
gún mérito en la idea de que los ataques (por más extraño que esto
pueda sonar) pudieran haberse coordinado con el movimiento de cier-
tos cuerpos celestes. Para escribir de manera crítica sobre esta posibili-
dad, necesito un conocimiento preciso de dónde estaban exactamente
estos cuerpos ese día y, más particularmente, durante los ataques, que
comenzaron (para mis propósitos de investigación) a las 8:46 horas y
concluyeron a las 10:28.
   Tengo un gran interés en el simbolismo, los mitos y los rituales, y
querría llevar un grado de seriedad e integridad académica a la discu-
sión sobre el aspecto ritual de la violencia humana, como sea que esta
se manifieste. Me interesaría cualquier reflexión que usted quisiera
compartir.
   De antemano, agradezco el tiempo que pueda dedicarme.
   Atentamente,

Tom Breidenbach

Querido Tom:
   La gente sobreinterpreta constantemente los acontecimientos
celestes. El deseo de vincular los asuntos terrestres con fenómenos
cósmicos es fuerte y profundo.
   Considere que un suceso puede ser raro, pero poco interesante.
Esto sucede continuamente en el cosmos, y la gente se engaña atri-
buyéndole un significado aun cuando no lo tenga. Por ejemplo, la

combinación exacta de la luna creciente con Venus en el cielo que apareció hace un par de meses no se repetirá hasta dentro de cinco mil años. Pero hay otras cinco mil yuxtaposiciones de la luna creciente con Venus que tampoco se repetirán en cinco mil años. Eso significa que, cada año, obtenemos algún tipo de combinación similar a la de la luna creciente con Venus.

Así que cuando se declara que un suceso es raro sin el contexto de la frecuencia de sucesos similares, entonces la gente supersticiosa tiende a asignarle una importancia irracional a lo que no la tiene. La numerología posterior al 11 de septiembre de 2001 (en lo que respecta a la fecha y al año) parecía bastante fértil hasta que te dabas cuenta de que prácticamente cualquier fecha y cualquier año, en manos de una persona decidida, generaría una mina de coincidencias numéricas, dando la ilusión de que la fecha que se está estudiando tiene un significado especial.

Y solo unas palabras como precaución. Cuando busque el significado metafísico de sucesos terrestres que de otro modo no lo tendrían, tenga en cuenta que los ataques terroristas a menudo conmemoran ataques o acontecimientos previos que ocurrieron en la Tierra, sin referencia alguna al universo.

NEIL

CAPÍTULO
9

Creer o no creer

La capacidad que tiene la mente humana de creer en ausencia de pruebas tangibles no tiene límites. En casi todos los casos, los que me escribieron sobre sus creencias intentaban ponerme de su lado, pero también mostraban una auténtica curiosidad. Como educador, jamás dudé en interactuar con ellos, pero, además, tengo una innegable curiosidad por todas las maneras en las que puede estar programada la mente de una persona en nuestro perenne intento de encontrar un sentido al mundo.

EL OJO DE DIOS

Viernes, 20 de mayo de 2005
(De internet)

¿Dios nos mira desde el otro lado del telescopio?
La NASA lo llama el ojo de Dios.
¡Esto es demasiado genial como para no compartirlo!
Se trata de una imagen real...
¿Puede ser esta una fotografía real?
Saludos cariñosos para ti y para tu familia,

NIKI BRANFORD*

---

* Correspondencia con la hermana de un amigo de toda la vida.

Hola, Niki:

Es una foto real. Un objeto real de nuestra galaxia de la Vía Láctea, la llamada nebulosa de la Hélice, también conocida como NGC 7293, tomada por el telescopio espacial Hubble.

Es fuerte el impulso de levantar la mirada, ver algo hermoso y llamarlo Dios. En el siglo I a. C., el famoso astrónomo y matemático Claudio Ptolomeo sintió eso mientras estudiaba los movimientos de los planetas sobre el fondo de las estrellas y escribió:

> Cuando trazo a placer el ir y venir de los cuerpos celestes, ya no toco la tierra con los pies. En presencia del propio Zeus me sacio de ambrosía, manjar de los dioses.*

Helix Nebula • NGC 7293
Hubble Space Telescope • Advanced Camera for Surveys
NOAO 0.9m • Mosaic I Camera
NASA, NOAO, ESA, The Hubble Helix Team, M. Meixner (STScI), and T.A. Rector (NRAO) • STScI-PRC03-11a

(Al final del libro podrás encontrar la imagen en color).

* Owen Gingerich, *The Eye of Heaven: Ptolemy, Copernicus, Kepler*, Washington D. C., American Institute of Physics, 1993, pág. 55. Epigrama escrito a mano por Ptolomeo en el manuscrito de su *Almagesto* (c. 150 a. C.).

Es una de mis citas favoritas de todos los tiempos.

Siempre me ha intrigado todo aquello que sucede en la naturaleza, en este mismo universo, con lo que la gente no se siente obligada a deshacerse en elogios poéticos sobre la majestuosidad de Dios, como las células cancerígenas de crecimiento rápido; los defectos congénitos mortales; los tsunamis, los terremotos, los volcanes, los huracanes y los asteroides asesinos; el virus del ébola; los parásitos letales, los mosquitos que transmiten la malaria y las ratas que propagan plagas; la enfermedad de Lyme, las dolencias cardiacas, los accidentes cardiovasculares y la apendicitis; la extinción de las especies... La lista es larga, prácticamente interminable. ¿Y qué pasa con la lista, igual de larga, de fenómenos macabros que podemos ver en el mundo natural? Por ejemplo, la imagen en primer plano de un ácaro del polvo, o una visión detallada del vientre de una tarántula o de las mandíbulas succionadoras de una sanguijuela, o el rastro viscoso de una babosa *Ariolimax* o la panza cubierta de pulgas de un perro... y la lista continúa.

Así que, cuando veo la nebulosa de la Hélice, simplemente veo una parte impresionantemente hermosa de nuestra galaxia, pero sin sentir ningún impulso de atribuirle el crédito o echarle la culpa a nadie por ello.

NEIL

PENSAR POR UNO MISMO

En diciembre de 2011, en el universo de conversaciones de internet, en Reddit, me preguntaron qué libros debía leer toda persona inteligente del planeta. Respondí con una lista de ocho títulos, cada uno acompañado de una breve frase que explicaba el porqué. Puse la Biblia en primer lugar, pero mi comentario molestó a muchos cre-

yentes. Unos cuantos años después, mientras me ponía al día con los comentarios del hilo, publiqué una respuesta.

La lista...

1. La Biblia. «Para aprender que es más fácil que otros te digan qué pensar y qué creer que pensar por ti mismo».
2. *El sistema del mundo*, de Isaac Newton. «Para aprender que el universo es un lugar cognoscible».
3. *El origen de las especies*, de Charles Darwin. «Para aprender sobre nuestro parentesco con el resto de la vida en la Tierra».
4. *Los viajes de Gulliver*, de Jonathan Swift. «Para aprender, entre otras lecciones satíricas, que la mayor parte del tiempo los humanos son unos *yahoos*».
5. *La edad de la razón*, de Thomas Paine. «Para aprender cómo el poder del pensamiento racional es la primera fuente de libertad en el mundo».
6. *La riqueza de las naciones*, de Adam Smith. «Para aprender que el capitalismo es una economía de la avaricia, una fuerza de la naturaleza por sí misma».
7. *El arte de la guerra*, de Sun Tzu. «Para aprender que el acto de matar a nuestros congéneres puede transformarse en un arte».
8. *El príncipe*, de Maquiavelo. «Para aprender que la gente que no está en el poder hará todo lo que pueda para obtenerlo, y que la gente que está en el poder hará todo lo que pueda para conservarlo».

¿Por qué es tan poco halagador mi comentario sobre la Biblia?

1. La Biblia judeocristiana es, probablemente, la fuente más grande de conflictos tribales que el mundo haya conocido. No tengo problemas con los que afirman que lo censurable son las interpretaciones tergiversadas de la gente y no la Biblia en sí. Pero eso no absuelve a las personas que guían su

comportamiento no por el pensamiento libre, sino en función de pasajes bíblicos que se dice que son de origen divino. Esta conducta hace brotar jerarquías basadas en una autoridad irrefutable: el dogma. Cuando estás bajo la influencia del dogma, dices, haces y piensas lo que otros te dicen que hagas. Y eso siempre es más fácil que pensar por ti mismo o resistir los poderes que, para empezar, establecieron el dogma.

2. Por supuesto que la religión no es la única fuente de dogmas en el mundo. Hay dogmas políticos, así como culturales y étnicos. Hay incluso, en ocasiones, dogmas científicos. Pero la ciencia contiene los métodos y las herramientas necesarios para sacar ese dogma a la luz, así que no dura mucho cuando surge. Además, los científicos casi nunca ejercen el poder. Así que cuando la ciencia se convierte en dogma en un país, usualmente se debe a que la adoptó un sistema político que en sí es dogmático. La Alemania nazi o la Rusia comunista de Lysenko son tal vez los mejores ejemplos.

3. Recuerdo que la tarea que se me encomendó fue hacer una lista de libros que yo sintiera que una persona educada debería leer: libros que ofrecieran una perspectiva sobre la condición humana y las trayectorias de la civilización derivadas de esta. La conducta de las personas que se han «tribalizado» después de leer la Biblia —que han participado en una especie de *pensamiento de grupo*— es responsable de darle forma a buena parte de la historia humana occidental. Todo esto nos lleva a mi única sentencia: «Es más fácil que otros te digan qué pensar y qué creer que pensar por ti mismo».

Por estas razones, mantengo la intención y el significado de esa sentencia.

Publicado con respeto,

NEIL DEGRASSE TYSON,
ciudad de Nueva York

Dios y la vida después de la muerte

Miércoles, 29 de noviembre de 2006

Hola, doctor Tyson:

La pregunta que le hago es (y estoy seguro de que sonará capciosa): ¿usted cree en un ser sobrenatural, como Dios, y en las perspectivas de una vida después de la muerte? Si no, entonces: ¿cómo les explica a sus hijos este concepto desde la religión y que algunas personas sean creyentes?

Mientras reflexionaba sobre esta cuestión hace un tiempo, me pregunté: si Dios y la vida después de la muerte no son reales, ¿por qué ambos conceptos se han vuelto tan fundamentales para las sociedades humanas desde que comenzaron a existir?

Apreciaré mucho su tiempo y sus respuestas, si bien lo más probable es que seguiré rezando, porque no se pierde nada por invertir un poquito en tener fe, en el caso de que Él esté allá arriba y de que haya algo más después de que mi cuerpo fallezca.

WEBSTER BAKER

Estimado señor Baker:

Todavía no hay nada que haya visto en la Tierra o en el universo que me convenza de que alguien o alguna entidad inteligente esté a cargo.

A mis hijos les enseño sobre las principales religiones del mundo. No de un modo peyorativo, sino antropológico, lo que es, me parece, un modo sensato de acercarse a las religiones comparadas. De esta manera, ellos saben que, aunque haya muchos sistemas de creencias en el mundo basados en la existencia de Dios o de los dioses, hay solo una ciencia, y que la ciencia es la misma, no importa dónde hayas nacido, ya sea en la Tierra o en cualquier otro lugar del cosmos.

Yo no sé si Dios es real. Simplemente sé que las personas que citan pruebas a favor de la existencia de Dios han pasado por alto la preponderancia de pruebas en su contra.

Otras características de las sociedades humanas que son atemporales y que están extendidas por todo el mundo son la guerra, la infidelidad, las luchas de poder, la esclavitud y la explotación. Que algo perdure en el interior de muchas culturas a lo largo del tiempo no significa que sea lo bueno o lo correcto, ni lo que se deba mantener en el futuro.

En cuanto al deseo de creer en una vida después de la muerte, tenga en cuenta que durante la mayor parte de la historia de la vida en la Tierra usted no existió; es decir, hubo vida antes de que usted naciera. No es una idea difícil de considerar y tampoco es deprimente: simplemente no tenía existencia ni conciencia de nada. Por lo tanto, no debería ser difícil considerar la probabilidad de que el estado de muerte sea idéntico.

En cuanto a rezar, por si acaso, me recuerda a una historia sobre una herradura que colgaba en la oficina de Niels Bohr. Alguien preguntó a este famoso físico por qué él, un hombre de ciencia, creía en tales supersticiones. Se rumorea que contestó: «Me dicen que funciona incluso cuando *no* te lo crees».

Atentamente,

NEIL DEGRASSE TYSON

COINCIDIR

Jueves, 30 de septiembre de 2004

Querido Neil:

Me llamo Tom. Te vi en Origins, *el programa de la PBS en el que hablaste sobre el comienzo del universo. Desde que tengo memoria me han fascinado el espacio, las estrellas y la Luna. Soy radioaficionado, y en la actualidad trabajo para una empresa especializada en amplificadores y equipos para radioaficionados.*

Tengo que diferir con toda la teoría de la evolución de este universo y he aquí la razón...

Soy un cristiano que cree que Dios creó este universo y que realmente lo formó con su Palabra. Puedo creer que tal vez sea posible que la vida exista en otro lado. Estoy abierto a esta posibilidad. La Biblia no lo menciona, pero, por otro lado, tampoco menciona a los dinosaurios. Verás, la Tierra era muy diferente en tiempos de Adán y Eva, antes de que llegara el pecado. No había enfermedad ni muerte. Los animales no atacaban ni se comían a otros animales. No había huracanes, tornados, terremotos ni otros fenómenos.

Sé que piensas que es una locura. Mi maestro me dijo que no pueden mezclarse la ciencia y Dios, pero la ciencia no puede suceder sin Dios.

Espero que tú y yo podamos coincidir con nuestros distintos puntos de vista de origen, ya que los dos amamos la ciencia y la naturaleza.

Atentamente,

Tom Rodenstock*

Estimado Tom:

Gracias por tus comentarios. El tema de los orígenes nunca deja de desatar todo tipo de reacciones. A fin de cuentas, la gente tiende a filtrarlo a su manera, del modo que mejor cuadre con su cosmogonía personal.

Tu punto de vista deriva, por supuesto, de la Biblia judeocristiana (el Antiguo Testamento). El problema es que en el mundo hay muchas personas religiosas que tienen otras creencias y expresan una confianza no menor que la que expresas tú en su sistema de

---

* Se ha cambiado su nombre por petición propia.

creencias específico. Animistas, budistas, confucianos, hindús, judíos, musulmanes, sintoístas, vudús, etcétera, todos tienen la misma
certeza que tú de que sus creencias son las únicas morales y correctas. Eso sin mencionar las incontables sectas dentro del cristianismo
mismo, cuyas creencias y tradiciones difieren de modos importantes: anglicanos, bautistas, católicos, episcopalianos, testigos de Je-
hová, luteranos, mormones, presbiterianos, adventistas del séptimo
día, y así sucesivamente. En el pasado (e incluso en el presente) las
diferencias han podido impulsar a sus creyentes a llevar a cabo asesinatos contra otra secta en nombre de su fe.

La ciencia, por otro lado, es un sistema de conocimiento y descubrimiento que se disocia de tu nacionalidad, lugar de nacimiento,
ascendencia, tendencia política o de a quién adoras. Es un sistema
para conocer el mundo natural que es inmune a la opinión, pero no
al experimento.

Cuando uno invoca los métodos y las herramientas de la ciencia,
el resultado es el relato del origen del mundo tal como lo presentan
los científicos, no una descripción del mundo natural basada en la
fe. Si hubiera sido así, entonces los científicos habrían estado escru-
tando las escrituras religiosas desde la antigüedad para tener una
perspectiva de cómo funciona el mundo físico.

De nuevo, gracias por tu interés, y mis mejores deseos para que
siga en la misma onda.

Atentamente,

NEIL DEGRASSE TYSON

«PORQUE LA BIBLIA ME LO DIJO»

*Brandon Fibbs, un antiguo cristiano devoto que se volvió ateo, con-
versó con uno de sus antiguos profesores de la escuela bíblica. Seguro
de que la Biblia tiene la razón en todas las cuestiones y de que cual-*

quier cosa que esté en desacuerdo con la Biblia equivale a una conspiración liberal, el profesor activamente niega el calentamiento global, la evolución, el Big Bang y otros descubrimientos en la frontera de las ciencias. Fibbs es un escritor y comentarista formidable, y compartió su respuesta de mil quinientas palabras conmigo para solicitar mi reacción. Lo que sigue es mi respuesta a su ataque a gran escala contra su exprofesor.

Domingo, 14 de febrero de 2010

Brandon:

Tu polémica es concisa, despiadada y bien informada. Realmente sería un desperdicio usarla con alguien que no fuera un exprofesor. Te apuesto a que en la actualidad eres mayor de lo que él era cuando te daba clases. ¿Es correcto?

En lo personal, trato de dedicar el doble de tiempo para que las cosas queden la mitad de largas: no te vayan a culpar de ese shakesperiano «me parece que el caballero protesta demasiado». También me tomo muy a pecho el adagio de que «cuando un argumento dura más de cinco minutos, entonces los dos lados están equivocados».

En cuanto al calentamiento global y las nevadas intensas, me sigue pareciendo extraño que la gente trace una equivalencia entre la acumulación de nieve y el frío. Las nevadas más fuertes tienden a ocurrir entre los -5 °C y los cero grados. En esas temperaturas más «cálidas», los cristales de agua se vuelven más grandes, están más pegajosos y se acumulan con mucha más velocidad sobre el suelo. Así que las grandes nevadas son indicadoras de tormentas de nieve tibias, y no frías.

También sugiero que trates de evitar la palabra *prueba* en el sentido de *demostración*. Esta se adscribe comúnmente a lo que hacen los científicos, pero no representa de manera correcta lo que sucede en el proceso de descubrimiento y confirmación de una premisa, y abre la posibilidad de que la gente diga que «los científicos alguna vez *comprobaron* que A es verdad, pero ahora dicen que es verdad B». Esto subraya la distinción moderna entre las palabras *hipótesis* y *teoría*.

Los científicos nunca *comprueban* nada. Esta palabra tiene una aplicación específica en matemáticas, pero en la ciencia lo que hacemos es *demostrar*, con suficientes experimentos, que existe un consenso y que sería un desperdicio de esfuerzo o de financiación buscar mayores pruebas para apoyar una idea, ya que otras preguntas importantes siguen sin responderse. Cuando surge un consenso experimental así, *jamás se demostrará que los resultados estaban equivocados*. En la era moderna de la ciencia (los últimos cuatrocientos años), lo único que sucede es que surge una verdad mayor que encierra las ideas y experimentos previos en una comprensión más profunda.

Ahora estamos usando la palabra *hipótesis* en vez de *teoría* para las ideas con las que estamos trabajando, y la palabra *teoría* se reserva para las grandes ideas que proporcionan una comprensión amplia y profunda de las operaciones de la naturaleza: la teoría cuántica, la teoría de la relatividad, la teoría de la evolución. Algunas teorías del siglo XIX todavía conservan la palabra *ley*, de la época en que era común utilizar este término: leyes de la gravedad, leyes de la termodinámica, etcétera. Hoy todas se llamarían teorías.

NEIL

P. D. Tu escritura es poderosa, pero no pretendas jamás ganar una discusión por ser un buen escritor o porque tienes un vocabulario más amplio que tu oponente. De esa manera, la fuerza del argumento recaerá en el propio argumento, y no en la retórica.

LOS VALORES DE π

Domingo, 28 de noviembre de 2004

Querido Neil:

Mencionas el número pi (π) en un artículo reciente que escribiste. Durante muchos años, casi todos los libros sobre historia de las matemáticas declaraban que, en el Antiguo Testamento, el valor del número π era tres, lo que resulta una aproximación bastante pobre. Pero hay averiguaciones recientes que muestran lo contrario.

Siempre es un placer pensar que un código escondido pueda revelar secretos caídos en el olvido desde hace mucho. Hay dos pasajes en la Biblia donde aparece la misma oración, idéntica en todo excepto por una palabra que se escribe de formas distintas en ambas citas.

En el hebreo original, en 1 Reyes 7, 23, se escribió קוה, mientras que en 2 Crónicas 4, 2 se utilizó קו. Elías aplicó la técnica antigua de análisis bíblico (utilizada todavía por los estudiosos talmúdicos) llamada gematría, según la cual se asignan valores numéricos a las letras según su secuencia en el alfabeto hebreo. Con ambas grafías de la palabra que significa «medida de la línea» descubrió lo siguiente: los valores de las letras son: ק = 100, ו = 6 y ה = 5. Por lo tanto, el resultado de deletrear «medida de la línea» en 1 Reyes 7, 23 es קוה = 100 + 6 + 5 = 111, mientras que en 3 Crónicas 4, 2 es קו = 6 + 100 = 106. Usando la gematría, tomó la razón de estos dos valores (hasta cuatro decimales), que él consideraba el «factor de corrección» necesario. Al multiplicar el valor aparente del número π de la Biblia (3) por este factor, sale 3,1416, ¡que es correcto para el número π hasta en cuatro decimales!

Una reacción común es «¡uau!». Una precisión tal es bastante asombrosa para una época tan antigua. Además, recuerda que era toda una hazaña simplemente obtener el número π = 3,14 midiendo con una cuerda. Ahora imagina obtener un valor de π preciso hasta cuatro decimales, algo casi imposible con las típicas medidas con cuerdas. Inténtalo si necesitas convencerte.

> DR. ALFRED S. POSAMENTIER,
> *decano de la Facultad de Educación del City College de Nueva York*

Querido Alfred:

No es necesario que entres en éxtasis con la numerología cabalística talmúdica. Conocer desde antes la respuesta que estás buscando y luego manipular una serie de números preexistentes en busca de la conexión es una manera antigua y atractiva, pero desacreditada, de conocer el mundo. La medida real del valor de la numerología (si tuviera alguno) sería hacer todo esto antes, y luego *predecir* el valor de π (o de cualquier otro elemento). Pero eso nunca ha ocurrido. Y es que hay un número casi infinito de maneras en las que puedes combinar números para obtener otros números. Y si no sabes de antemano lo que estás buscando, lo más seguro es que estarás haciendo cálculos que no tienen nada que ver con nada.

El «poder» de la numerología es sin duda seductor. Como un ejemplo de tantos, los ataques del 11 de septiembre de 2001 dieron lugar a un sinnúmero de aproximaciones numerológicas, y todas otorgaban un significado profundo a la hora, la fecha, el número de secuestradores, el número de letras de sus nombres y así sucesivamente.

El problema es que esta información no existía antes de los ataques, por lo que, por lo tanto, se perdió la oportunidad de predecirlos. Eso es porque pueden hacerse deducciones numerológicas después de los hechos con cualquier suceso de cualquier fecha de cualquier año (basta con combinar los números de otra manera igual de sensata), pero para el ojo y para la mente los resultados parecen mostrar una conexión mágica, incluso mística.

Otros focos de interés para la numerología son el asesinato de Kennedy, la forma y las proporciones de las pirámides egipcias, el fin del mundo, el ataque contra Pearl Harbor o el Día D.

Así que diviértete, pero hazlo a sabiendas de que la numerología brinda acceso al entretenimiento, pero no a la realidad.

NEIL

BUDISTA

Viernes, 28 de agosto de 2009

Hola, doctor Tyson:

Quiero decirle que disfruto mucho con sus vídeos. Y, sí, me considero una persona religiosa. ¿Por qué no se meten con los budistas? Solo con los cristianos, los judíos y los musulmanes. En caso de que no lo haya adivinado ya, soy de fe budista. No es importante, pero hace que el chiste sea más divertido.

Quiero que mis hijos estén expuestos a otras ideas y dejar que sean ellos solos quienes tomen la decisión de en qué creer. Solo quiero enseñarles la compasión, y si la alcanzan, ya sea a través de la ciencia o de la religión, bien por ellos.

Continúe con su gran trabajo.

TODD BAXTER

Estimado señor Baxter:

En mis escritos (de los cuales derivan los vídeos) hago referencia solo a los que quieren llevar la filosofía religiosa al aula de ciencias. Este comportamiento es común entre los fundamentalistas protestantes y, en general, es bastante insólito en Estados Unidos entre budistas, judíos o musulmanes.

Tenga en cuenta también que no todos los sistemas de creencias son iguales. La mayoría son demostrablemente falsos. La noción de que todos los sistemas de creencias son iguales es una prueba del rampante analfabetismo científico de nuestro país.

En cuanto a su preocupación por la compasión, debería importarnos a todos. Pero ser devoto de una religión casi siempre requiere que uno rechace las demás religiones. La compasión es lo último que se encuentra en una guerra santa. Y, por supuesto, las historias más destacadas del Antiguo Testamento muestran todo menos compasión.

Gracias,

NEIL DEGRASSE TYSON

MENTE ABIERTA

Jueves, 13 de agosto de 2009

Estimado señor Tyson:

Le tengo mucho respeto. También amo a mi Iglesia. Estoy muy confundido. Quiero hacerle una pregunta (como hombre de ciencias, se supone que usted es de mente abierta): ¿existe la menor posibilidad de que la Tierra tenga solo cinco o seis mil años?

Solo diría que, si no hay un Dios, me sentiría terriblemente solo e insignificante.

KEVIN CARROL

Estimado Kevin:

Hay cero posibilidades de que la Tierra tenga cinco o seis mil años.

Como a menudo digo, si se utilizan textos religiosos para predecir conocimientos futuros del universo físico, se obtendrá la respuesta equivocada. Pero no es por falta de intentos. Para exponerlo de un modo más preciso: cada intento previo de hacer este ejercicio ha fallado.

Consideremos lo que decía Galileo:*

> Dios escribió dos libros. El primero fue la Biblia, en donde los humanos pueden encontrar las respuestas a sus preguntas sobre valores y moral. El segundo libro de Dios es el libro de la naturaleza, que permite a los humanos utilizar la observación y la experimentación para responder a sus propias preguntas sobre el universo.

Galileo era un hombre religioso, pero de todos modos se sintió obligado a decir:

> No puedo creer que Dios nos haya dotado de sentidos, palabra e intelecto, y haya querido, despreciando la posible utilización de estos, darnos por otro medio las informaciones que por aquellos podamos adquirir, de tal modo que aun en aquellas conclusiones naturales que nos vienen dadas o por la experiencia o por las oportunas demostraciones, debamos negar su significado y razón; no creo que sea necesario aceptarlas como dogma de fe.

Solo para dejar las cosas claras, la existencia o no existencia de Dios no tiene nada que ver con la edad de la Tierra. La mayoría (más del 80 %, diría yo) de las personas religiosas occidentales reconocen esto. Los que vinculan la edad de la Tierra con la existencia o inexistencia de Dios son una pequeña minoría de la comunidad religiosa. Simplemente resulta que hablan más fuerte que el resto, lo que da la (falsa) impresión de que son la corriente domi-

---

* Stillman Drake, *Discoveries and Opinions of Galileo*, Nueva York, Anchor, 1957, pág. 173 (trad. cast.: *Galileo: carta a Cristina de Lorena y otros textos sobre ciencia y religión*, Madrid, Alianza, 1987).

nante y representan a la mayoría. Hay una extensa cantidad de organizaciones religiosas que han publicado declaraciones en apoyo de la evolución, lo que requiere aceptar que la Tierra es muy vieja.

Buena suerte con tus exploraciones.

Atentamente,

NEIL DEGRASSE TYSON

PRUEBAS

Del lunes 19 de septiembre de 2005
al lunes 8 de mayo de 2006

Hola:

Sé que usted es un hombre ocupado y espero que pueda responder a mi humilde correo electrónico. Verlo en la tele me genera emociones encontradas.

Para empezar, me complace ver a un hombre afroamericano, como yo, hablando de ciencias en un programa de televisión tan maravilloso y popular como Nova *de PBS (uno de mis programas favoritos). Sin duda, necesitamos ver a más personas afroamericanas en el campo científico, y* Nova *es un excelente lugar para ello. Yo mismo soy ingeniero electrónico (he fundado dos empresas de ingeniería) y me gusta muchísimo la ciencia.*

Por otro lado, lamento que usted, al parecer, no crea en Dios y que considere que todo comenzó a existir por azar. Como ingeniero en electrónica, diseño productos complejos para ganarme la vida, y sé lo difícil que es diseñar algo y hacer que funcione. Se tiene que pensar desde antes en todo, hasta el último detalle, o si no lo único que se obtiene es fuego y humo, o una demanda. No veo la manera de que algo tan complejo como un ser humano, el ADN o el universo, con lo vigoroso que es, pueda haberse hecho solo a partir del azar o del Big Bang.

Y me pregunto por qué no cree que el universo fue creado por Dios. ¿Cómo podría alguien creer que un universo tan complejo puede ser creado por una situación azarosa? A través de mis investigaciones personales, he descubierto múltiples razones por las que, científicamente, Dios debe existir.

Muchos científicos entran en pánico pensando que, si la gente comienza a creer que Dios lo diseñó todo, entonces los seres humanos renunciaríamos a realizar nuevos descubrimientos, porque ya sabríamos quién los diseñó.

Pero creo que saber que el diseñador es Dios nos daría más ganas de descubrirlas. Aunque conozco a mucha gente que dice que las cosas están mal diseñadas, yo no lo creo. En un mundo físico hay límites para todo, y compromisos; no importa lo que hagamos (incluso Dios), los fenómenos físicos no pueden diseñarse a la perfección.

Por ejemplo, ¿cómo puede ser algo físico realmente perfecto? ¿Puede sobrevivir a cada ataque que reciba? ¿Puedo lanzarlo al sol y que, de todos modos, salga sin un rasguño? ¿Puedo dejarlo en un volcán y que siga viviendo? ¿Puedo verter desperdicios tóxicos sobre él sin que muera? ¿Puedo atacarlo con alguna combinación de gripe aviar, sida y cáncer y que simplemente le rebote? Nada puede soportar este tipo de agresiones; y aunque pudiera, siempre hay algo más en el universo que lo podrá matar.

Creo que Dios ya lo sabe, así que, sin importar lo que Él haga, siempre habrá algo en el universo que podrá exterminar a su creación física. Entonces, ¿para qué molestarse en hacerla a prueba de balas? Todo lo físico será mortal, no importa de qué se trate. Eso es lo que significa ser físico. Formar parte de la Tierra.

¡Gracias por escuchar mis divagaciones!

NIGEL SMITH

Estimado Nigel:

El movimiento del diseño inteligente (DI) moderno —tal como expresan la página web del Discovery Institute y sus principales defensores en el juicio de 2005 de Dover, Pensilvania— invoca el DI solo cuando lo que se está describiendo es algo desconocido (por ejemplo, el origen de la vida).

Cuando alguien declara que aquello que sí entendemos (y que generalmente se puede controlar o influenciar) también es obra de un diseñador inteligente, entonces actúa sin ninguna restricción sobre lo que descubrirá a continuación.

En cuanto al buen diseño comparado con el malo: aseverar que alguien va a sobrevivir al golpe directo de un meteoro de un millón de toneladas va mucho más allá de cualquier ejemplo que yo haya dado. Cualquiera que tuviera esa habilidad estaría «sobrediseñado», porque un peligro así es sumamente raro. Pero morir atragantado es común en nuestra especie. También lo es morir ahogado. También la leucemia infantil. También lo son (la mayoría) de los defectos congénitos, etcétera. Y ningún ingeniero que esté en sus casillas diseñaría jamás un sistema que ingiriera líquidos, sólidos, se comunicara y respirara por un mismo orificio. Así pues, ¿en dónde se marca el límite? Cualquier persona racional pondría el choque de un meteoro en un extremo de esa línea y ahogarse con algo en el otro extremo.

Yo no niego el buen diseño. El buen diseño es evidente cuando está ahí, por ejemplo, el pulgar oponible, la visión estereoscópica, el habla, las cabezas articulares de los hombros y las caderas, la forma y la fuerza de nuestro cráneo..., solo por mencionar algunos. Creo que te estás negando a aceptar el mal diseño no porque no esté ahí, sino porque va más allá de tu filosofía religiosa y por lo tanto no lo ves. Por cierto, no eres el único: lleva siglos sucediendo y es todo un campo de la filosofía religiosa llamada *apologética*, que sigue insistiendo en este tipo de comportamiento. Sus defensores se llaman *apologistas*. Lo que hacen es construir argumentos para contradecir las críticas a los pasajes bíblicos, interpretando de forma muy libre la palabra literal y dejando así espacio para que no suene como que la Biblia contradice los descubrimientos empíricos del mundo natural. Un ejemplo claro es el hecho de que en ninguna parte de la Biblia se menciona que la Tierra posea tres dimensiones. Y cuando hay una referencia, la Tierra simplemente es plana, representada habitualmente como un círculo con Jerusalén en el centro y las masas terrestres rodeadas de agua en todas las direcciones del horizonte, como se establece claramente en muchos pasajes, acorde con la manera de entender el mundo conocido en ese tiempo. Los apologistas citan el pasaje bíblico que contiene las palabras *círculo de la Tierra* y aseveran que *círculo* significa *esfera*. Pero, en realidad, en aquel tiempo se conocía perfectamente la diferencia entre las dos nociones.

Así que este es un punto de divergencia en nuestra conversación: tú ya sabes adónde quieres llegar. Y Dios está ahí para diseñarlo. Yo no tengo ni idea de adónde voy. Y si hay un Dios de inteligencia inquebrantable, este hecho simplemente no es evidente en el libro de la naturaleza para un observador sin prejuicios.

La selección natural nunca ha sostenido que haya un diseño perfecto, ni siquiera un buen diseño: solo un diseño que es más efectivo que el de una especie en competencia, lo que permite la supervivencia el tiempo suficiente como para reproducirse. No importa nada más en el proceso.

Además, nunca dije que el universo no hubiera sido diseñado. Simplemente dije que, si lo fue, entonces hay pruebas amplias (y muy ignoradas) que demuestran los errores del diseñador, presentes entre todos aquellos aspectos que son maravillosos.

Atentamente,

NEIL DEGRASSE TYSON

La vida con sentido

En diciembre de 2007, Mark, un interno del reformatorio del estado de Kentucky, me hizo la que quizá es la pregunta religiosa más profunda de todas: si no hay Dios, ¿cómo puede tener sentido la vida? ¿A quién debería importarle que has vivido? ¿Qué importancia tendría si alguno de nosotros fuera Stalin o Einstein, Hitler o la Madre Teresa? Le ofrecí una respuesta a Mark, pero con la premisa de que no sería la única.

Querido Mark:

A menudo las personas, en especial las religiosas, buscan más allá de sí mismas para encontrar el sentido de la vida: en las Sagradas Escrituras, en los mensajes de los líderes religiosos, en las reliquias religiosas, etcétera. Cuando uno lo hace, se vuelve difícil imaginar la vida sin este tipo de estructura espiritual construida para ti y para tu entorno.

Pero supongamos que en vez de ello miras dentro de ti. Al hacerlo, no es difícil encontrar el sentido de la vida en cosas que sean significativas: cuidar a otros menos afortunados que tú, criar a tus hijos o realizar tareas difíciles que te llenen de manera física, intelectual o emocional. Puede ser muy grato el impulso de hacerlo sin ninguna referencia a textos religiosos. Mi meta personal es dejar el mundo un poquito mejor gracias a haber vivido en él. La posibilidad de hacer que dicha meta se vuelva realidad impulsa mis hábitos de trabajo todos los días.

Para algunas personas, la búsqueda de sentido las lleva a la violencia, al abuso y al crimen. Estas personas van desde lo egoísta hasta lo misantrópico. Pero estos rasgos no son dominio único de quienes no son religiosos. El mundo no es ajeno a las guerras religiosas, con la matanza abyecta de innumerables inocentes en nombre de algún dios u otra divinidad. Así que tu suposición de que necesitamos a Dios para comportarnos decentemente o dar sentido a nuestras vidas —aunque para mucha gente sea cierto— desde luego no es un requisito para tener una existencia satisfactoria y respetuosa con la ley.

Añado a esto que, si ayudo a una anciana a cruzar la calle es porque ella necesita ayuda y yo se la puedo proporcionar, no porque espere una recompensa por haberlo hecho, ya sea en esta vida o en el cielo. Mi motivación es simplemente generar sentido y autoestima: no solo en mi propia vida, sino en la de los demás.

Por último, la gente profundamente religiosa a veces pregunta: «Sin Dios, ¿por qué deberíamos ser amables los unos con los otros?» o «¿Qué evitará que se cometan delitos o incluso asesinatos en ausencia de un juicio divino?». Hay una respuesta sencilla: la cárcel. Por eso existen las leyes, para contener los comportamientos ofensivos de una persona hacia otra, y de una persona hacia la propiedad. Esta receta funciona para la mayoría. De hecho, en Europa hay países enteros (por ejemplo, Suiza, los Países Bajos, Inglaterra, Francia, Suecia) en donde la religión casi no desempeña ningún papel en la política, la cultura, los negocios o la familia, y aun así tienen tasas *mucho menores* de delitos violentos que Estados Unidos, donde nueve de cada diez personas dicen ser religiosas. En esos países, las personas que dicen ser religiosas son, en general, una de cada diez.

Así que quédate tranquilo, seas religioso o no, y reflexiona sobre el hecho de que en la mayoría de las sociedades occidentales la religión es un aspecto de la cultura, y no la cultura en sí.

Te deseo lo mejor,

NEIL DEGRASSE TYSON

KAIRÓS

Un momento propicio
para la decisión o la acción

CAPÍTULO
10

Días de escuela

Un tiempo y un lugar para aprender cosas nuevas y establecer las raíces intelectuales de la vida.

Un maestro, un estudiante y una disputa entre Iglesia y Estado

Un alumno de una escuela secundaria pública grabó a su profesor de Ciencias haciendo un relato bíblico del mundo natural. Lo hizo público y llegó a los titulares de la prensa. Normalmente no digo nada sobre estos temas, pero tuve que intervenir con una carta al editor de The New York Times.

Jueves, 21 de diciembre de 2006
The New York Times

Al editor:

Algunos consideraron una violación de la primera enmienda cuando un profesor de Nueva Jersey afirmó que la evolución y el Big Bang no son hechos científicos, y que el arca de Noé transportaba dinosaurios.

Este caso no tiene nada que ver con la necesidad de separar la Iglesia del Estado, sino con la necesidad de separar a los ignorantes, a los analfabetos sobre temas científicos de las filas de los educadores.

NEIL DEGRASSE TYSON,
ciudad de Nueva York

NIÑO EN LA LUNA

En abril de 2008, Ronald Ward,* un estudiante afroamericano de secundaria con un profundo interés por el espacio desde los seis años, buscó mi orientación para su proyecto en un concurso de ciencias. Había asistido al Campamento Espacial varias veces. Quería ser piloto o astronauta, y cada domingo lanzaba sus propios cohetes en miniatura con su padre. Padecía además un trastorno convulsivo que lo volvía objeto de bromas por parte de sus compañeros y que, posiblemente, lo obligaría a repensar su sueño de convertirse en aviador. Le decían cosas como «estás en la luna», lo llamaban nerd *y* geek, *y le aseguraban que nunca podría ser científico, matemático ni ingeniero, lo cual hería sus sentimientos.*

Se preguntaba si sus compañeros empezarían a ser amables con él si realizaba un proyecto de ciencias ganador. También se preguntaba si los chicos se burlaban de mí cuando estaba en la secundaria.

Querido Ronald:

Gracias por tu mensaje tan entusiasta y personal.

En mis círculos es un orgullo que te digan que «estás en la luna». Y que te llamen *geek* es prácticamente una medalla de honor. Recuerda que una de las personas más ricas del mundo, Bill Gates, es

---

* Se ha cambiado el nombre.

un auténtico *geek*. También lo es Mike Griffin, director de la NASA. Al igual que yo. Así que cuando tus compañeros de clase se burlen de ti por tu entusiasmo por aquello que tiene que ver con lo aeroespacial, solo recuerda que hay cientos de miles de nosotros ahí fuera que te entendemos. Y no olvides nunca que la gente que es buena en lo que hace es la que tiene pasión y constancia.

En cuanto a tus convulsiones ocasionales, sin duda impedirán que te conviertas en astronauta, al igual que muchas dolencias médicas comunes, incluyendo enfermedades crónicas que requieren tratamiento médico. Con todo, no afectan a tu inteligencia, por lo que podrás ser matemático, ingeniero, científico o diseñador de aviones y naves espaciales utilizadas en las fronteras del descubrimiento.

Recuerda que detrás de cada astronauta que hay en el espacio, hay miles de científicos e ingenieros que lo llevaron hasta allí.

Cuando vi el remite de tu carta observé que vives en las Montañas Rocosas. Resulta que Colorado Springs es una de las sedes de la Fundación Espacial, una especie de centro del universo para todo lo relacionado con el espacio. Una de sus múltiples actividades es rastrear cómo la tecnología espacial se transforma en productos cotidianos. Te recomiendo mucho que la visites. Si vas, apuesto a que te mandarán a casa con una caja llena de cosas geniales: plumas, pósteres, chapas, pisapapeles y otros objetos valiosos que podrás usar en tu proyecto para el concurso de ciencias. Me consta porque trabajé en la junta directiva, y cada vez que visitaba sus oficinas centrales yo mismo volvía a casa con una caja de cosas geniales.

Si visitas la Fundación Espacial, podrás pasar un rato —aunque sea breve— con otras personas que ignoraron por completo la ridícula presión de sus compañeros.

Lo mejor para ti en la Tierra y en el universo.

NEIL DEGRASSE TYSON

CURIOSIDAD ELEMENTAL

Viernes, 10 de abril de 2009

Querido Neil deGrasse Tyson:

Me parece genial que escriba muchos libros sobre el universo. Quiero leerlos algún día. Yo también quiero ser astrofísico cuando sea mayor. Estoy en primero de primaria y estoy haciendo un proyecto sobre mi héroe vivo. ¿Me puede responder las siguientes preguntas? Gracias,

GABE MOPPS

1. ¿Qué causa la atracción gravitacional de los planetas y sus satélites?
Hola, Gabe:

La gravedad sigue siendo una fuerza misteriosa del universo. Cuando los objetos se pasean cerca del campo de gravedad de otros objetos invocamos la teoría general de la relatividad de Einstein, que dice que la gravedad curva el espacio y el tiempo. Los objetos simplemente siguen esas curvas a medida que se mueven. Pero, más allá de esto, nadie sabe qué es realmente la gravedad.

2. ¿Es muy difícil investigar los agujeros negros porque son invisibles?

Sí. Así que estudiamos el efecto que tienen los agujeros negros sobre las regiones que los rodean. Los agujeros negros hacen cosas en el espacio, la materia y la energía que ningún otro objeto hace. Así podemos descubrir a estos monstruos invisibles del universo. Es como ver la huella de un oso en la nieve, la cual te confirma que un oso estuvo ahí, aunque tú no lo hayas visto.

3. ¿Cómo investiga estas ideas para sus libros?
Hay que leer, leer, leer. Y pensar, pensar, pensar.

4. Me parece que todas estas cosas son muy interesantes.
A mí también.

5. Oí que podría convertirse en el director de la NASA.
Oí lo mismo. Solo son rumores.
Su amigo,

GABRIEL MOPPS

Gracias por tu interés, Gabe.
Y como decimos en el universo, ¡continúa mirando hacia arriba!

NEIL

MIRA, PERO NO TOQUES

Martes, 5 de febrero de 2008

Señor Tyson:
   Tengo trece años y quiero ser ingeniero ambiental. Pero como el espacio es la última frontera, creo que es bueno aprender sobre él y sobre la naturaleza.
   Tengo una pregunta...
   ¿No es horrible no poder tocar lo que mira? En realidad, lo único que se puede hacer es usar los ojos desde años luz de distancia. Debe de ser frustrante no poder estar lo suficientemente cerca para poder usar las manos.
   Atentamente,

MARC JARUZEL

Querido Marc:
   Sí, puede ser frustrante no poder poner las manos sobre el objeto de tu interés. Pero en astrofísica aprendemos que el telescopio no

solo es tan bueno como las manos, sino que de muchas maneras es mejor.

Además, ¿quién quiere tocar un cuásar? ¿O un agujero negro? No sería muy prudente hacerlo.

Atentamente,

NEIL

SABER

Martes, 7 de abril de 2009

¿Usted cómo sabe lo que sabe?

DAVID LUNIANSKI

Querido David:

He ido a «la escuela» hasta los treinta y dos años. Y desde entonces leo mucho. La escuela no solo es un lugar para aprender, sino también para aprender a aprender. Y en el mejor de los casos, debería ser un lugar para estimular toda una vida de curiosidad.

Además, siempre que puedo busco a gente más lista que yo con quien hablar y pasar el rato. Mi esposa, por ejemplo, tiene un doctorado en Física Matemática. Sabe una tonelada de cosas más que yo sobre todo tipo de temas. Y eso no lo cambiaría por nada.

NEIL DEGRASSE TYSON

ESTIGMA

Jueves, 24 de julio de 2008

Estimado doctor Tyson:
Leí con interés su observación (en el número del 7 de julio de 2008 de la revista Time*) acerca de que para mejorar el desempeño de los estudiantes en ciencias y en matemáticas es necesario retirar el estigma asociado al estudio de estas materias.*

Después de muchos años de observación, estoy convencido de que una de las causas principales de los malos resultados es el poco respeto que los medios y la sociedad tienen hacia quienes sobresalen en ciencias y matemáticas. Después de todo, ¿por qué habría de esforzarse un estudiante por sobresalir en una materia a la que se atribuye tan poco valor? Por ejemplo, en una lectura rápida de artículos recientes en cualquier periódico se descubren múltiples referencias a profesiones como «chef», «oficial», «médico», «guardabosques», etcétera. De hecho, en el mismo número del 7 de julio de la revista Time *en el que se publican sus observaciones, no aparece la palabra* doctor *antes del nombre de Neil deGrasse Tyson.*

Como científico con un doctorado en Física Teórica que ha dado clases a varios miles de estudiantes en el transcurso de treinta y cinco años en la Universidad de Minnesota, he tenido muchas conversaciones con ellos sobre este tema. Y, durante esas conversaciones, con frecuencia se citaba la posición relativamente baja que ocupa un científico en la sociedad como la razón (además de ser una dificultad) para evitar el estudio de las ciencias y buscar otras profesiones que tienen un mayor «factor de aprobación social».

Como miembro visible de la comunidad científica, usted está en una posición excelente para comenzar a alterar el modo en que la sociedad mira a los científicos.

Agradezco su atención.

DOCTOR ROBERT CASSOLA

Estimado doctor Cassola:

Gracias por compartir su mensaje sobre la existencia o ausencia de respeto hacia los científicos por parte del público. Su comentario es interesante, pero ciertas encuestas (recurrentes), así como algunos casos anecdóticos que puedo citar, no coinciden con sus afirmaciones, o más bien apoyarían la idea de que lo que es necesario arreglar no puede atribuirse de ninguna manera significativa a los títulos.

Desde la página Salary.com podemos obtener una imagen de las diez profesiones más respetadas actualmente. Por supuesto, hace cuarenta años, *soldado* y *policía* no habrían estado en esa lista, así que los tiempos también han cambiado para ellos. Y, como era de esperar, están ausentes los abogados, los políticos y los vendedores.

1. Doctor.
2. Soldado.
3. Profesor.
4. Bombero.
5. Director ejecutivo.
6. Científico.
7. Ingeniero.
8. Oficial de policía.
9. Arquitecto.
10. Contable.

Aunque otras encuestas varían ligeramente, *científico*, como profesión, ha estado en los primeros diez puestos durante al menos treinta años.

En el transcurso de las décadas, ha habido un verdadero cambio en cuanto a la manera en que los científicos son representados en el cine y la televisión. El científico loco es un icono en vías de extinción. En la televisión hay programas, como *CSI* y *Numb3rs*, que son dramas policiacos exitosos transmitidos en horario de máxima audiencia y que muestran a científicos socializados, atractivos y brillantes (químicos, matemáticos, físicos, biólogos) en los papeles principales. De hecho, en los años de éxito de estas series ha aumentado drásticamente la matrícula de mujeres jóvenes en clases universitarias de Química y Matemáticas: por ejemplo, hoy, el 48 % de los estudiantes en la carrera de Matemáticas en la universidad son mujeres.

Datos recientes del American Institute of Physics (AIP) revelan que el salario medio anual para los científicos profesionales de rango superior (en la investigación académica o en la industria) es el doble de la media de ingreso por hogar en el país.

Por mi propia experiencia, deshacerse del título de *doctor* ayuda a disolver las barreras comunicativas y hace que la gente quiera saber más de ti, siempre que tu mensaje pedagógico potencie la capacidad del oyente para pensar. Si lo logras, llamarán a tu puerta, sin importar cuál sea tu título.

Como sabe, a diferencia de las ciencias sociales, en su profesión y en la mía se omiten los títulos profesionales en los ensayos de investigación publicados, tradición que siempre me ha complacido. Considero esta práctica como un reconocimiento tácito a la misma importancia que tienen, por ejemplo, las ideas de un estudiante de posgrado que todavía no se ha doctorado y las de un investigador de rango superior, sobre todo porque quien lee el documento no necesariamente sabrá qué rango tiene cada uno.

Dicho eso, el 60 % de mis entrevistas en medios (impresas y transmitidas en vídeo o televisión) mencionan mi título de doctor y son bastante respetuosas cuando lo hacen. Pero, en ambos casos —cuando lo hacen y cuando no—, acuden a mí para aprender más sobre la ciencia, lo que para mí es la mejor muestra de respeto.

Hoy en día, en la televisión hay más programas de calidad y documentales científicos que nunca. Si combinamos las transmisiones de la PBS, Discovery Network (incluyendo su canal de ciencias), National Geographic, History Channel y los especiales de distintos canales sobre temas científicos, en el transcurso de los años ha crecido exponencialmente la exposición, la apreciación y el interés del público por la ciencia.

Por supuesto, nada de esto aborda el hecho recurrente y paradójico de nuestras bajas calificaciones en las pruebas y otros parámetros, ni nuestro bajo desempeño respecto a otros países. Pero sería difícil echarle la culpa al hecho de que no se utilicen los títulos profesionales de los científicos.

Así que, aunque sus preocupaciones son sensatas y precisas, la información que menciona no las apoya; más bien sostiene una postura opuesta. Y eso es bueno.

Gracias por su interés.

NEIL

NI SOMBRA DE DUDA

Martes, 30 de junio de 2009

Doctor Tyson:

Soy un oficial de la policía del estado de Indiana, un gran admirador de los proyectos científicos y, más que nada, un gran admirador suyo. Sé que es un megacientífico y una celebridad, pero me preguntaba si podría hablar conmigo sobre cómo podría yo utilizar aplicaciones científicas (en otras palabras, técnicas de observación, investigación de daños por accidente y análisis de pruebas) en mi campo (no en la investigación forense). Me gusta su proceso de pensamiento y quisiera saber si compartiría conmigo algún método para «legos» sobre cómo percibe el mundo. Mi meta es convertirme en un mejor agente de policía e investigador, y quizá utilizar un método distinto para llegar a los mismos fines.

Quizá algún día, cuando esté en la zona de la ciudad de Chicago, pueda conocerlo personalmente.

LAWRENCE MCFARRIN

Gracias por su correo sobre cómo intentar utilizar la ciencia en su trabajo. Por supuesto que *CSI*, la exitosa serie de televisión, y sus múltiples encarnaciones (*CSI: Nueva York*; *CSI: Miami*; *CSI: Cyber*) ejemplifican cómo usar la ciencia para resolver crímenes, aunque casi siempre tienen que lidiar con uno o dos cadáveres en el camino, además de que todos los que no están muertos son bastante bien parecidos.

Para su caso específico, le ofrezco una reflexión posiblemente poco ortodoxa.

Lo que debería hacer no es aprender cómo aplicar las leyes de la física al trabajo policiaco; en vez de ello, debería aprender las leyes de la física: introducción a la Física en alguna escuela para adultos o en la universidad. Las escuelas para adultos, como seguramente sabe, suelen impartir cursos en horarios que se acomodan a los trabajadores, así que podrían ser su mejor opción.

Cuando aprenda sobre el movimiento, la gravedad, las fuerzas, la aceleración, la estática, la termodinámica, la luz y la electricidad, entonces para usted serán obvias las vías y los medios de aplicación a su trabajo. Son elementos fundamentales en los accidentes de coches, las peleas de bar, los tiroteos y casi todo lo que puede acarrearle una jornada laboral.

Hay abogados que me han pedido que estime la hora en la que se tomó una fotografía (que podría inculpar al acusado, según mi respuesta) basándome solo en la extensión de las sombras arrojadas por el sol en la imagen. En esa línea de trabajo, también necesitaría un curso de introducción a la astronomía, que seguramente se impartirá junto con el de física allí donde decida estudiar.

En cierto modo, resolver problemas es un proceso lento que reconfigura las conexiones de su cerebro, lo que, en última instancia, le permitirá utilizar una perspectiva de investigación forjada en los procesos de la naturaleza.

Si nunca ha cursado la materia de Física ni tampoco la de Matemáticas, estas clases pueden ser difíciles. Pero si usted fuera de los que hacen las cosas «porque son fáciles», me parece que, en primer lugar, no habría elegido ser policía.

Buena suerte. Al final, no lamentará embarcarse en esta nueva aventura.

Le deseo lo mejor.

NEIL DEGRASSE TYSON

ESTUDIANTES CON TALENTO

En octubre de 2004 visité el campus Stark de la Universidad Estatal de Kent para participar en una serie de conferencias. En mi ponencia enfaticé el valor del esfuerzo arduo y de la ambición para tener éxito en la universidad, en el trabajo y en la vida. Durante la sesión de preguntas y respuestas, Bronwen, una estudiante, me preguntó sobre la importancia de la educación para niños superdotados desde maternal hasta bachillerato. Continuó su comentario en una carta que envió una semana después, en la que señalaba que ella misma había sido identificada como «superdotada» desde primaria, y que sus profesores la habían ignorado persistentemente, ya que sabían que obtendría un diez sin que le prestaran ayuda adicional. Por esta razón, le preocupaba que hubiera un número incalculable de estudiantes con talento que jamás lograrían desarrollar su potencial al máximo. Esto me dio pie para desarrollar más mi punto de vista al respecto.

Hola, Bronwen:

Gracias por tus reflexiones.

Tengo varias reacciones a tus comentarios.

1. Tener talento en una clase de estudiantes que no tienen ese talento es sin duda una receta para ser ignorado. Pero tener talento en una clase de estudiantes con talento es, en todos los

casos que conozco (y de los que he oído hablar), un medio para que la ciudad, la comunidad o el Estado dediquen recursos adicionales a las «necesidades» de los superdotados. Mis comentarios se refieren específicamente a los programas y a las escuelas para niños superdotados, de las cuales hay muchas.

2. Por mi experiencia, uno de los principales medios para identificar que un niño es superdotado es su desempeño en las pruebas de CI y en exámenes estandarizados. Si la escuela debe prepararnos para obtener logros en sociedad, quedar por encima de cierto nivel mínimo en estos medios de evaluación es irrelevante para el tipo de ciudadano que serás: en la vida adulta y en el ámbito profesional, después de tu primer trabajo, nadie te pregunta ni a nadie le importa cuál fue tu promedio en la escuela o tu CI o tus calificaciones en las pruebas de acceso a la universidad. Te invito a que te acerques a cualquier persona mayor (de treinta años o más) y le hagas esa pregunta.

3. Hagamos la suposición razonable (aunque aún por confirmarse) de que la ambición, como se expresa en la edad adulta, no tiene una relación directa con las notas escolares; como decía, si la hubiera, entonces los más grandes triunfadores de la sociedad (empresarios, abogados, actores, cómicos, artistas, atletas, arquitectos, músicos, estadistas, generales, directores ejecutivos, presidentes, alcaldes, senadores, gobernadores, líderes de la comunidad, autores, editores, productores, etcétera) serían, sin excepción, solo (o principalmente) los que sacaron las máximas calificaciones en la escuela. Pero no es el caso. Sin embargo, sí puede encontrarse la ambición como una de sus características comunes; entonces, quizá, alguien (un educador dedicado) debería estar buscando a quienes la tienen. O, mejor aún, debería diseñar currículos que la desarrollen.

4. No estás obligada a seguir mis consejos, pero, en mi opinión, si quieres dejar huella como educadora, ¿por qué no explorar cómo evaluar o «programar» de alguna otra manera la ambición y nutrir a esos estudiantes? Sería de un valor incomparablemente mayor para la sociedad que estar persiguiendo a los niños «listos» solo porque son listos.

Como mínimo, lo único que pido es que la etiqueta *superdotado* se cambie por la de *niños que se esfuerzan mucho*, para que ese club no parezca exclusivo e impenetrable a los que están fuera de él.

Te deseo lo mejor en tu escuela y en tu carrera.

NEIL DEGRASSE TYSON

PRECISIÓN

Sábado, 25 de septiembre de 2004
(Correo electrónico, reenviado por la revista Natural History*)*

Estimado señor o señora:

Le escribimos desde U. S. Academic Decathlon (USAD). El año pasado concedieron permiso a nuestra organización para incluir en el material de nuestro currículo un artículo titulado «Dust to Dust», [«Polvo al polvo»], escrito por Neil deGrasse Tyson y publicado en la edición de mayo de 2003 de la revista Natural History.

Desde entonces hemos recibido un par de quejas de alguno de nuestros formadores sobre la precisión del contenido. Tengo mucha esperanza en que la información de este artículo sea correcta y que nuestro formador esté equivocado, ya que no quisiera tener que emitir ninguna rectificación.

Este es uno de varios ejemplos que nos envió el director del plan de estudios:

Su artículo dice que con el tiempo el Sol se volverá una gigante roja y se hinchará «cien veces su tamaño». Uno de nuestros formadores cree que es incorrecto: cuando el Sol se vuelva una gigante roja se hinchará hasta la órbita actual de la Tierra, a 150 millones de kilómetros del Sol. El diámetro actual del Sol es de 1.390.000 kilómetros. Si aumenta su tamaño cien veces, tendrá 139.000.000 kilómetros de diámetro. Eso significa que su radio sería de 69.500.000 kilómetros, menos de la mitad de la distancia a la órbita de la Tierra.

¿Sería posible que alguien revisara estos datos? De antemano, gracias por su tiempo y ayuda. Espero con ansias su respuesta.
Atentamente,

TERRY MCKIERNAN

Estimado señor McKiernan:

Gracias por su consulta. Usted me pregunta sobre importantes cuestiones relacionadas no solo con la precisión de las cantidades que se incluyen en mi ensayo, sino con la precisión de las cifras de la astrofísica en general.

La astrofísica es única entre las ciencias debido al gran rango de valores numéricos representados en los objetos y fenómenos que cuantifica. Por ejemplo, las edades de las estrellas van desde cientos de miles de años hasta cientos de millones de años, lo que depende principalmente de su masa, pero también de otros factores.

Las temperaturas de las estrellas van desde los mil grados en la superficie de las más frías hasta los casi 1.000 millones en el centro de las más calientes.

La longitud de las ondas de radio más largas que se hayan medido es de metros, pero la longitud de onda de los rayos gamma más cortos es de menos de cien mil millonésimas de metro.

La mayoría de lo que medimos o cuantificamos en la vida cotidiana no abarca esta amplitud. Así que, si en la tienda nos dan un 50 % de descuento en nuestras compras, si un artículo duplica el tamaño de otro, si un objeto se mueve tres veces más rápido que otro o contiene la mitad de los artículos, inconscientemente pensamos que se trata de grandes diferencias. En astrofísica, sin embargo, estas diferencias son pequeñas, ya que sabemos que las propiedades medidas pueden abarcar *factores* de cientos, miles o incluso miles de millones.

En astrofísica, cuando nos comunicamos unos con otros, invocamos la alta precisión solo si otra cantidad física depende de ello. Si no, la precisión no solo distrae, sino que en la mayoría de los casos no se justifica en un sentido ni empírico ni teórico.

Cuando el Sol muera, en unos 5.000 millones de años, se hinchará hasta quedar tan grande que se tragará los planetas interiores. La «orilla» de estas entidades bulbosas en realidad están poco definidas: ¿dónde está la orilla del cirro que está sobre nosotros? ¿Cuál es la orilla de la neblina por la que pasamos conduciendo? El límite de la atmósfera de la Tierra tampoco tiene una frontera clara, así que la gente elige un valor que se adecúe a sus necesidades. Por eso, si busca el tamaño de la atmósfera de la Tierra en múltiples lugares (independientes), lo más seguro es que encontrará respuestas muy diferentes, y ninguna de ellas estará equivocada.

Otro ejemplo. Una pregunta tan simple como cuántos planetas hay en el sistema solar no tiene una respuesta inequívoca. Seis lunas, incluyendo la nuestra, son más grandes que Plutón. No solo eso, varios objetos del sistema solar exterior tienen casi el mismo tamaño que Plutón (en un factor de dos). Así que lo que importa más que *cuántos* es *cuáles* son sus diferentes propiedades y *qué* características tienen en común.

¿Y qué hay de la pregunta de cuándo nació Isaac Newton? Eso

tampoco tiene una respuesta inequívoca. Según su madre y todos los registros locales, nació el 25 de diciembre de 1642. Pero, en esa época, la Inglaterra protestante (donde nació Newton) usaba el calendario juliano. Hoy utilizamos el calendario gregoriano (introducido por el papa Gregorio en 1582), que presenta diez días de diferencia respecto al calendario juliano. Esa diferencia de diez días colocaría el cumpleaños de Newton el 4 de enero de 1643 en el calendario gregoriano. Las respuestas son diferentes y legítimas: sin duda, nació el día de Navidad en Inglaterra.

Todo esto me lleva a un punto final. A pesar de la manera en que se enseña la ciencia en primaria o de lo que piense el público, la ciencia no tiene tanto que ver con llegar a la respuesta correcta, sino con llegar a la idea correcta. Veamos un ejemplo forzado, pero ilustrativo: si a usted le pidieran deletrear la palabra *casa* y respondiera *k-a-s-a*, obtendría una mala calificación, aunque esta sea una manera fonética de deletrear la palabra. El problema es que lo calificarían igual de mal si hubiera deletreado *x-z-w-q*. Considero que este hecho es una deficiencia de nuestro sistema educativo, que no nos entrena en cómo pensar, sino en qué saber.

Así que tal vez, para el futuro, cuando la materia sea la ciencia, deberían encontrar preguntas que pongan a prueba la comprensión en vez de la precisión numérica. Le estarían haciendo un servicio a la próxima generación de estudiantes, así como al capital intelectual de esta nación.

Atentamente,

NEIL deGRASSE TYSON

CAPÍTULO
11

Crianza

Los recién nacidos no llegan con manual de instrucciones. Y, aunque hay cientos de profesiones que requieren un título antes de ejercerlas, se espera que un nuevo padre o madre, sin ninguna experiencia, críe a un niño sano y productivo para la sociedad con lo que aprenda mientras lo educa. Este hecho magnifica el valor de la sabiduría compartida entre los padres, quienes están intentando hacerlo lo mejor que pueden. A veces, los obstáculos para lograr el éxito parecen interminables.

CUMPLIR CONDENA

Domingo, 15 de mayo de 2016
(Comunicación del Servicio Postal de Estados Unidos)

Querido Neil deGrasse Tyson:
Como padre de dos adolescentes inteligentes, escribo en busca de su consejo sobre cómo fomentar sus estudios de ciencia, tecnología, ingeniería y matemáticas (CTIM).
Estoy cumpliendo una condena de noventa y dos meses en San

Quintín por homicidio vial involuntario con negligencia grave, con una fecha de liberación prevista para finales de 2019. Por consiguiente, tengo oportunidades muy limitadas para comunicarme con mis adorados hijos: nada de internet, llamadas telefónicas limitadas a quince minutos y visitas intermitentes. Quiero animar a mis hijos para que estudien ciencias y matemáticas. Debido a su gran interés por la astronomía (uno quiere ser el «primer veterinario astronauta»), tengo la esperanza de que usted pueda dirigirme a recursos, páginas web u organizaciones que mis hijos puedan utilizar para crecer y aprender, dado su potencial.

Las consecuencias de mi delito son muchas e impactan en mis hijos en mayor medida de lo que yo puedo apreciar desde San Quintín. Aun así, espero seguir involucrado en su educación. Apreciaría mucho cualquier recomendación que pueda hacerme.

¿Podrían mis hijos visitarlo en Nueva York? Una oportunidad de ver a un científico famoso organizada por su padre sería una prueba de mi constante amor por ellos Y, además, una aventura especial.

Saludos,

WAYNE BOATWRIGHT,
CDC n.º AN0094, San Quintín, California

Estimado señor Boatwright:

Una de las grandes revelaciones de la crianza es la siguiente: cuando tienes hijos curiosos y motivados, la intervención de los adultos acarrea casi el mismo riesgo de aplastar sus ambiciones que de nutrirlas. En el fondo, sabemos que esto es cierto; como reza el dicho, pasamos los primeros años de las vidas de nuestros hijos enseñándoles a hablar y a caminar, y el resto de sus vidas diciéndoles que se callen y que se sienten.

Además, para nuestra consternación colectiva, las investigaciones muestran de manera persistente que los padres solo tienen un efecto marginal sobre la personalidad que, finalmente, desarrollan sus hijos.

Con la edad que tienen los suyos, seguramente tienen muchos conocimientos de internet. La NASA no es una entidad escondida en el universo de los medios y en YouTube abundan vídeos científicos inteligentes e interesantes. Así que no tengo duda de que sus hijos estarán conectados con la frontera en movimiento de la ciencia, en proporción con la profundidad de su curiosidad.

En cuanto a volverse un veterinario astronauta, no sé lo cerca que estaremos de llevar mascotas o animales de granja al espacio, pero cuando llegue ese día, el espacio se habrá vuelto un destino rutinario y seguramente necesitaremos una tonelada de veterinarios espaciales.

En lugar de organizarnos para que sus hijos me visiten en su próximo viaje a la ciudad de Nueva York, mejor esperemos a que salga y tal vez los pueda traer usted mismo. Así podrá volverse parte del recuerdo que tengan sus hijos de esa visita.

Y si no hay una visita así en el futuro próximo, a menudo doy conferencias públicas en California, y San Francisco es una de mis bases de admiradores más leales. Me encantaría conocer y saludar a sus dos hijos cuando tengamos la ocasión.

Hasta entonces, como siempre, siga mirando hacia arriba.

NEIL DEGRASSE TYSON

P. D. Después de trabajar mucho para rehabilitarse, Wayne Boatwright fue liberado quinientos días antes de finalizar su condena por buena conducta; desde entonces comenzó un grupo de Facebook, The San Quentin News Crew, que sirviera de modelo para sus compañeros de prisión.

SOBRE FINGIR

Lunes, 23 de marzo de 2009

Querido Neil:
   Quiero que mi hijo sea como tú, así que tendré que fingir que no me agradas.
   Gracias por representar de un modo tan positivo la inteligencia.
   Un estudiante de astronomía no muy bueno,

DOUG FEDINICK

Querido Doug:
   Hay que hacer lo que sea necesario.

NEIL DEGRASSE TYSON

UNA NOCHE ESTRELLADA

Martes, 24 de marzo de 2009

Querido Neil:
   Cuando yo era niña, mi padre y yo solíamos sentarnos en nuestra gran furgoneta familiar verde y mirábamos el cielo nocturno. Buscábamos las constelaciones y yo inventaba las mías. Mi favorita era el Hobbit Gordo. No he dejado de buscar. Ahora mi padre vendrá a vivir conmigo. No tengo una furgoneta, pero sí un fabuloso telescopio que comparto para que otra gente mire hacia arriba. Y cuando llegue mi padre, una vez más saldremos, solo los dos, y miraremos el cielo nocturno.

LIZDELL COLLADO

Querida Lizdell:

Gracias por compartir tus reflexiones personales y conmovedoras.

Te deseo lo mejor bajo el dosel de los cielos estrellados.

NEIL

EDUCACIÓN EN CASA

Muchos padres cristianos educan a sus hijos en casa para asegurarse de que el currículo sea rico en cuanto a la perspectiva bíblica del mundo natural. Esto a menudo pone en entredicho la ciencia establecida, en especial los temas de biología evolutiva y los orígenes del universo. Lisa McLean vivía en una comunidad religiosa. Educaba a su hija en casa y tenía sentimientos ambivalentes por lo que decía el currículo religioso en comparación con los descubrimientos de la ciencia. En agosto de 2005 me preguntó cómo lidiaba yo con estos conflictos con mis propios hijos.

Querida Elisa:

Gracias por tu carta tan franca.

Me preguntaste qué enseño a mis hijos. Mi respuesta es que no me preocupo tanto por lo que saben; me preocupo por cómo piensan. Esta podría ser la más elevada de todas las metas pedagógicas, porque los momentos más significativos de la vida ocurren cuando se vuelve más importante cómo pensamos que lo que sabemos.

Enseñarle a alguien a pensar es difícil y requiere un gran esfuerzo, tanto por parte del maestro como del alumno. Entre otras cosas, los anima a hacer preguntas. Implica sentirse cómodo con la ignorancia, en el caso de que ese sea nuestro estado colectivo de conocimiento en ese momento. Implica experimentación e investigación.

Yo no enseño a mis hijos qué es el magnetismo. Simplemente les doy una bolsa de imanes y les digo que salgan a jugar.

No les enseño qué es la fuerza centrífuga. Los llevo al parque de atracciones y nos subimos juntos a juegos mecánicos que dan vueltas.

No les enseño química. Simplemente les pregunto: «¿Alguna vez habéis mezclado bicarbonato de sodio y zumo de limón?» (esta combinación crea una gran reacción química: pruébalo con tu hija).

Cuando no funciona su linterna, no les digo: «Necesita pilas». Les digo: «Probemos las pilas para ver si están gastadas». Entonces, ponemos las pilas en un comprobador de baterías para investigarlo de primera mano.

Cuando me hacen una pregunta que no conozco, respondo: «Vamos a investigarlo», y acudimos a un libro o navegamos por la red para buscar respuestas.

Si ellos creen algo en ausencia de pruebas, les pregunto: «¿Por qué crees esto?» o «¿Esto cómo lo sabes?».

Por ejemplo, justo ahora, mi hija está saliendo de la etapa del Ratoncito Pérez. Ahora imagina que, en todos estos años, el Ratoncito fuimos sus padres. Esto suscitó una gran discusión en su clase, así que propusieron un experimento para poner esa idea a prueba. La siguiente persona a la que se le cayera un diente no se lo diría a sus padres, sino que se llevaría el diente a casa y lo pondría bajo la almohada. Si el Ratoncito Pérez existía, lo sabría. Si no había dinero por la mañana, el experimento sería un fuerte argumento en contra de la existencia del Ratoncito Pérez. Este es un ejemplo sobre cómo pensamos importa más que qué pensamos.

En cuanto a sus preguntas directas: el Big Bang es la teoría de los orígenes cósmicos más exitosa que jamás se haya desarrollado y ha obtenido el consenso en la comunidad astrofísica. Nosotros ya hemos pasado a otras cuestiones. La percepción pública de que los científicos van de una verdad a otra es simplemente falsa. En la era moderna de la ciencia —esto es, en la era de los experimentos, cuando los datos apoyan rotundamente una teoría—, esa teoría no se vuelve incorrecta de repente, de un día para otro. Lo peor que puede pasarle es que se incorpore a una idea más grande y más poderosa de cómo funciona el universo. Así que la teoría del Big Bang llegó para quedarse, en su estado actual o formando parte de una comprensión cósmica mayor.

Por cierto, generalmente, los documentos religiosos suelen llamarse *verdades reveladas*. Y los verdaderos creyentes sostienen que estos documentos son divinos e infalibles. Esto no ha causado más que problemas en la historia de la cultura humana, en particular cuando dos grupos religiosos diferentes tienen ideas que están en conflicto sobre cuál es la «verdad».

Así que, a mi juicio, la palabra *verdad* no cubrirá tanto las necesidades de su hija como la palabra *investigar* o, mejor aún, la palabra *explorar*.

Con mis mejores deseos para ti y para tu familia.

NEIL

TAN LISTO QUE DA MIEDO

Miércoles, 22 de julio de 2009

Querido doctor Tyson y cualquier otro amable cerebrito:

Mi hijo Jack,* que tiene asperger, es tan listo que da miedo, y es perfectamente posible que sea el próximo Einstein; de hecho, así lo apodan. Estoy tratando de ponerme en contacto con otros científicos superinteligentes que puedan ayudar a Jack a desarrollar su don. El vocabulario y las obsesiones de Jack se centran en cosas como los prototipos de automóvil, la fusión nuclear, la biotecnolo-

---

* No es su nombre real.

gía, los aceleradores de partículas, la materia oscura, la antimateria, los agujeros espaciotemporales, los agujeros negros, los nanobots, la creación de nuevas curas para enfermedades ¡y mucho hidrógeno! No tengo los medios para nutrir la mente de Jack. Sin embargo, su espíritu casi se ha extinguido en el ambiente de la escuela pública.

Tengo muchas ganas de que Jack conecte con otras personas. Sin embargo, eso no sucederá si la gente que lo rodea no puede relacionarse con él, entenderlo o creer en lo que está diciendo. Ya tiene casi quince años y está al borde de una depresión grave debido a sus luchas, la soledad y sus sentimientos de incompetencia. Me pone muy triste pensar que quizá nunca tenga la oportunidad de hacer algo grande para este planeta.

LA MAMÁ DE JACK

Querida madre de Jack:

Es muy frecuente que haya gente con asperger severo en las ciencias físicas, una serie de campos (química, física, ingeniería, astrofísica, geología, etcétera) en los que se da menos importancia a los talentos sociales que al desarrollo intelectual.

Además, piensa que, entre los profesionales académicos de mi campo, la norma era tener calificaciones altas. Quizá entre una tercera parte y la mitad de mi departamento se graduó con las mejores calificaciones en el bachillerato. En casi todos esos casos, su principal estímulo intelectual no provenía de la escuela, sino de los libros que leían en casa solos. Esa modalidad de aprendizaje en soledad también fue mi caso. Así que puede ser inútil tu ansia de hacer que la escuela pública atienda sus necesidades e intereses. Y, a falta de la opción de enviarlo a una escuela privada, tu mejor opción para él puede ser el acceso ilimitado a los libros y a internet.

Como seguramente sabes, puedes reunir una impresionante biblioteca casera con poco dinero si revisas con regularidad las mesas con ofertas de las librerías, en donde llegas a pagar desde uno hasta diez dólares por libros de todos los temas del mundo.

Por lo que sé, más allá de estas medidas, no puedo afirmar que tengas frente a ti una tarea sencilla, pero desde luego no es una situación imposible.

Con mis mejores deseos,

NEIL

MITAD AFROAMERICANOS

Lunes, 23 de marzo de 2009

Querido doctor Tyson:

Quiero llevar a mis hijos a la ciudad de Nueva York. Quiero encender en ellos la sed por la ciencia. Para ayudarme a cumplir con esta meta, tenía la esperanza de que usted me pudiera sugerir cuáles son los mejores días para llevarlos. Quiero alentar en mis hijos el amor por el aprendizaje de las ciencias, y no el miedo ni el desdén por los asuntos científicos.

Y, ya que mis hijos son mitad afroamericanos, quiero que lo tengan a usted como uno de sus modelos. A menudo hay mucha información en la televisión y en internet que les muestra el lado negativo de su raza, y quiero contrarrestarlo con influencias positivas.

Así que, ¿cuándo cree que sería un buen momento para llevarlos a su ciudad, con la esperanza de poder encender dentro de sus cabecitas la pasión por la ciencia?

CATHY L. JONES

Querida Cathy:

Tengo un punto de vista poco convencional de que la noción de *modelo* está muy sobrevalorada. O, mejor dicho, habría que crear

modelos «a la carta». He descubierto que, en la actualidad, las aso-
ciaciones con el color de la piel hacen más daño que bien a un niño
que está madurando. Escoger a una persona como modelo y no a
otra por razones impulsadas por el color de la piel puede impedir
que tus hijos tengan una visión más amplia del mundo.

Si vienen a verme, no debería ser porque se me etiqueta como
persona afroamericana, sino porque soy científico y educador, y te
importa la formación científica de tus hijos.

Atentamente,

NEIL DEGRASSE TYSON

CUENTOS DE LA BIBLIA

Domingo, 26 de febrero de 2017

Estimado doctor Tyson:

*Le escribo porque he tenido una discusión con mi hijo de diez
años. Vamos a hacer lo que han hecho generaciones antes que yo: enviarlo a la escuela hebrea. Lo mandamos allí para que conozca su religión y de dónde viene. Sin embargo, mi hijo, quien por cierto sufre un
trastorno del espectro autista, me dijo anoche que le parece ridícula la
escuela hebrea porque él no cree en Dios, sino que cree en la ciencia.
Simplemente, considera que los cuentos de la Biblia no pueden ser
ciertos. Y la verdad es que no puedo negar que es posible que tenga
toda la razón.*

*Cuando le pregunté de dónde había sacado muchas de sus ideas,
me dijo que de Cosmos, así que sé que cree y respeta lo que usted enseña (¡y se lo agradezco!). Mi pregunta es: ¿son posibles las dos cosas?
¿Cree que puede haber un poder superior allá fuera, o que la ciencia y
la fe puedan encontrar un terreno común?*

Se lo pregunto porque respeto a mi hijo lo suficiente como para no

imponerle una creencia que no sea cierta. Sé que usted es un hombre
ocupado, pero me estoy esforzando por ser una buena madre.
Agradezco mucho que se haya tomado el tiempo de leer esto.
Atentamente,

INGRID

Viernes, 30 de marzo de 2018
(Pésaj)

Querida Ingrid:

Esta es una respuesta vergonzosamente tardía a su correo electrónico tan meditado. El universo me ha tenido bastante ocupado
últimamente, pero logro llegar a todos mis correos electrónicos... en
algún momento.

Por supuesto que, en un país libre, dentro de ciertos límites,
uno puede criar a sus hijos como lo desee y con el sistema de creencias que elija. Por esta razón, la mayoría de las personas en el mundo que son religiosas practican la fe de sus padres. Por ejemplo, las
posibilidades de que unos cristianos críen a un niño que después se
vuelva musulmán o de que una familia musulmana críe a un niño
que luego se convierta al judaísmo son extremadamente raras. Es
más probable que, al volverse adultos, no crean en ningún dios que
en los dioses de otras religiones.

Así que el deseo de criar a su hijo como un judío devoto y prac-
ticante, ya que usted lo es, es completamente normal y natural. Claro que usted solo tendrá, como mucho, dieciocho años de influencia directa sobre él. Su hijo pasará más del 80 % de su vida bajo un
techo que no será el suyo.

Por lo que he visto y encontrado, el judaísmo se manifiesta a
través de una amplia gama de prácticas: desde los judíos osados que
comen tocino con entusiasmo hasta las distintas sectas ortodoxas
que, entre otras prácticas, mantienen separados los utensilios de

cocina que sirven para los productos lácteos de los que son para los productos cárnicos. Como científico, tengo mucha más experiencia con los judíos ateos. Ellos no ven la Torá como la Palabra de Dios, sino como un libro de historias, algo que no puede juzgarse por su verdad o falsedad, sino como un compendio de perspectivas de las que se puede extraer sabiduría para vivir la vida.

Si lo pensamos, cuando leemos cuentos de hadas, no juzgamos si son ciertos o no. Más bien aprendemos lecciones que integramos dentro de nuestras perspectivas del mundo. No solo eso: los judíos ateos, en general, celebran las fiestas sagradas con no menos rituales que los practicantes, y dejan un asiento libre en la mesa del *séder* para Elías y se aseguran de que la puerta de entrada no esté cerrada para que pueda entrar sin problemas si por casualidad aparece por ahí.

¿Por qué habría de hacer esto un judío ateo? La respuesta no es difícil. Los rituales y las tradiciones explican algunos de los vínculos más sólidos que hay entre los pueblos del mundo. Asistir a misa los domingos para los católicos. Rezar cinco veces al día para los musulmanes. La alabanza de los ancestros para las religiones animistas. Se puede participar sin juzgar si los hechos que establecieron el ritual tienen alguna verdad literal. La participación crea un sentido de comunidad que casi siempre ha contribuido con valores a la civilización. Altera la civilización solo cuando la gente exige que otros compartan sus rituales particulares, amenazando con la fuerza para lograrlo.

Ya que su hijo padece un trastorno del espectro autista y le gusta tanto la ciencia, su mejor opción podría ser no imponer la interpretación literal de lo religioso, sino mantenerlo conectado con las hermosas tradiciones de su religión y enfatizar el valor del ritual como una semilla y una raíz primaria de la comunidad. Muchas veces, ese puede ser el principal reto en la crianza de niños con autismo: lograr que abracen el valor del amor y de la compasión por la gente y por las relaciones.

Quédese tranquila: puede criar a un hijo saludable, inteligente y respetuoso con la ley sin exigirle que crea que Moisés convirtió su báculo en serpiente o que del cielo cayó maná.

Buena suerte. Por mi experiencia, también se necesita un poco.

Feliz *pésaj* para los dos.

NEIL

PRIMER TELESCOPIO

Sábado, 18 de julio de 2009

Querido profesor Tyson:

Se me ocurrió que debería contarle esta historia, ya que usted la apreciaría más que la mayoría de la gente. Si no es así, le pido disculpas.

Me di cuenta de que tenía demasiados telescopios y decidí deshacerme de mi telescopio refractor de sesenta milímetros marca Meade que conseguí en 2003. El pueblo de Tombstone, Arizona, es pequeño, y probablemente me costaría más en publicidad intentar venderlo de lo que alguien estaría dispuesto a ofrecer. Así que colgué un letrero en la oficina de correos: «Gratis, para cualquier chico de diez a diecisiete años, que acuda con su padre o madre». Incluso con la palabra gratis, pasaron cinco días antes de que recibiera una llamada.

Llamó un tipo y luego vino con su hija de doce años. Les mostré cómo funcionaba el telescopio y la caja de control, y durante todo este tiempo la niña tenía los ojos como platos. Hasta incluí un ejemplar extra que tenía de The Stars *[Las estrellas] de H. A. Rey,* el*

---

* H. A. Rey, *The Stars: A New Way to See Them*, Boston, Houghton Mifflin, 2008.

primer libro de astronomía que me regaló mi padre, allá por 1955.
Sus ojos se agrandaron y la sonrisa cubría su rostro.

Yo nunca tuve hijos, así que hoy vislumbré un breve destello de
lo que habría sido. Y esta pequeña podrá vislumbrar muchas veces
atisbos del universo.

Un intercambio justo.

M. J. STALEY, MORG

Querido Morg:

No hay nada como el telescopio justo en las manos justas de la
persona justa en el momento justo por el precio justo.

NEIL

FELIZ TRIGÉSIMO ANIVERSARIO

16 de agosto de 1982
(Caligrafía sobre pergamino)

Queridos papá y mamá:

Este mes voy a terminar mi máster de Astronomía. Un logro
significativo en mi vida que no puede pasar sin reconocer a dos de
las personas más cálidas, amorosas y racionales que conozco.

Hay elementos centrales de mi personalidad, carácter, sabiduría
y perspectiva que se pueden atribuir a cada uno de vosotros.

A lo largo de mis veintitrés años de búsqueda por el cosmos,
vosotros jamás dejasteis que despegara los pies de la tierra. Habéis
alimentado mi conciencia sobre los ancianos, los inválidos, los cie-
gos y otras condiciones que marcan las desigualdades de la vida y de
la sociedad.

Todo este tiempo, vuestra tolerancia infatigable hacia mis intereses me ha permitido recorrer muchos kilómetros para conseguir «esa visión particular».

Me habéis ayudado a transportar mis telescopios, metiéndolos y sacándolos de vuestros coches, llevándolos y trayéndolos del campo, y subiéndolos y bajándolos por muchas escaleras.

Mi vida me ha llevado a muchos lugares. Desde veintidós pisos en el Bronx hasta un círculo tallado por la nieve sobre Peacock Farm.*

Desde las planicies del desierto de Mojave** hasta la cima de Mount Locke.***

Desde Bronx High School of Science hasta Harvard College Observatory.

Desde Bell Telephone Laboratories**** hasta la Universidad de Texas en Austin.

Que no quede duda de que continuamente he sentido vuestra

---

* Durante un año académico, mientras estaba en séptimo grado, mi familia no vivió en un apartamento de Nueva York, sino en una casa subarrendada en Lexington, Massachusetts, mientras mi padre era becario de la Kennedy School of Government. Vivimos en Peacock Fram Road. Una vez, después de una fuerte tormenta de invierno, hice un sendero en el jardín trasero con la pala para crear un callejón sin salida en la nieve lo suficientemente grande como para usar mi primer telescopio.

** Durante el verano de mis trece a catorce años, asistí a un campamento de astronomía para cerebritos de secundaria y bachillerato, ubicado en el desierto de Mojave, en el sur de California, donde vivíamos de noche mientras observamos los claros cielos nocturnos con una batería de telescopios *in situ*.

*** La Universidad de Texas en Austin posee y gestiona el observatorio McDonald, en el oeste de Texas, en la cima de Mount Locke. Escribí este tributo en la escuela de posgrado, mientras observaba desde allí durante el verano de 1982.

**** Durante el verano entre mi tercer y cuarto año de universidad, fui becario de investigación en la División de Ciencia Material de Bell Telephone Laboratories, en Murray Hill, Nueva Jersey.

guía frente a mí, vuestro apoyo detrás de mí y vuestro amor junto a mí.

Ojalá que durante los próximos treinta años* podáis seguir compartiendo, uno con el otro, de la misma manera en que habéis compartido conmigo.

Feliz aniversario.

NEIL

---

* Mis padres seguirían casados durante treinta y cuatro años más, hasta la muerte de mi padre, a los ochenta y ocho años.

12

Refutaciones

A veces hay que defenderse.

CONSEGUIR LA CALIFICACIÓN

Mi hija asistió y se graduó en el mismo instituto al que fui yo. Mientras estaba en su penúltimo año, a principios del otoño de 2012, quería hacer Cálculo Avanzado, pero todavía no había asistido a ninguna clase formal de precálculo, considerada un requisito estricto por el Departamento de Matemáticas. La carta que me envió el director era una enérgica defensa de la misión de la escuela, incluyendo las pruebas de aptitud que aseguraban que los estudiantes nunca se meterían académicamente en algo que no entendieran, lo que daría como resultado calificaciones altas para su admisión en la universidad.

¿Quién en su sano juicio discutiría esas metas? Pues yo.

Para el director de Bronx High School of Science:

Muchas gracias por su mensaje, que incluye la siguiente declaración: «Es nuestro trabajo ayudar a proteger la media de calificaciones de su hija».

Me parece noble, pero mi experiencia me dice que no es la meta más noble que existe. Como científico, educador y padre, ofrezco una cita compensatoria: «Es mi trabajo proteger el interés de mi hija por el aprendizaje».

Un verdadero amor por el aprendizaje no termina jamás. Por otro lado, las notas medias pierden su relevancia después de la universidad y no podrían ser más irrelevantes el resto de nuestras vidas.

Mi hija disfruta las Matemáticas y quiere aprender Cálculo ahora, saltándose el año de precálculo. Estudió precálculo por su cuenta durante el verano pasado. Pero ustedes tienen un sistema que le impide dar ese paso. No sé cuándo se volvió común que una escuela evitara con tanta energía que un estudiante saltara a una clase avanzada. En especial en una época en la que es prioridad estatal promover el interés de las niñas por las materias CTIM. La mayoría de los estudiantes de casi todas las escuelas se matriculan en las clases más sencillas que logran encontrar, impulsados, por supuesto, por la necesidad de proteger su nota media. Me siento obligado a subrayar que el promedio mediocre de mis calificaciones en bachillerato no incitó ningún comentario de ninguno de mis profesores sobre si yo llegaría «lejos» o no. Sin embargo, sentía un amor genuino por el aprendizaje que, por lo visto, era valioso para mí y para la universidad que elegí, aunque no lo fuera para mis profesores preuniversitarios.

Ninguno de nosotros sabe bien cómo le irá a mi hija en su prueba de precálculo. Pero me atrevo a recomendar que esa calificación se utilice como guía para anticipar su próxima carga de trabajo en cálculo, y no como una muralla que hay que mantener cerrada para quienes obtienen calificaciones por debajo de lo que ustedes juzgan aceptable.

Si les preocupa la nota media de mi hija, olvídenlo. Si les preocupa qué universidad elegirá ella o qué universidad la elegirá a ella, olvídenlo. Preocúpense por el tipo de persona adulta que será. Porque lo que a nosotros nos preocupa es que el bachillerato la nutra con un ambiente de aprendizaje, sin reglas diseñadas que impidan sus deseos de «llegar lejos».

Si a mi hija no le va bien en la prueba de aptitud, su papel no debería ser evitar que ella avance, sino, quizá, desaconsejárselo claramente. Si ella quiere matricularse a pesar de su advertencia, entonces su papel debería ser apoyar su ambición. Aunque ustedes no puedan, o vaya en contra de su filosofía pedagógica, no todos los niños tienen dos padres que dominan el cálculo,* así que, como director, el progreso de mi hija en este sentido debería ser la menor de sus preocupaciones.

Atentamente,

Neil

P. D. Mi hija realizó la prueba de aptitud de precálculo, que la escuela le ofreció por mutuo acuerdo. No sabemos lo bien o lo mal que le fue, pero le permitieron matricularse en Cálculo ese año y saltarse precálculo formalmente. En el examen final avanzado de ese año, obtuvo la máxima calificación.

B. o. B. y la Tierra plana

El popular artista de hiphop B. o. B. (Bi o Bi) es muy franco en cuanto a sus creencias terraplanistas. A principios de 2016 acudió a las redes sociales con sus ideas. Normalmente ignoraría ese tipo de incursiones, pero me llamó la atención que dijera que las leyes de las matemáticas y de la física muestran que la Tierra es plana. En el universo geek, esa es una declaración de guerra.

---

* Mi esposa tiene un doctorado en Física Matemática.

Viernes, 27 de enero de 2016
(Videocarta al rapero B. o. B.,
entregada en *The Nightly Show with Larry Wilmore*,
Comedy Central)

De una vez por todas, B. o. B.: la Tierra parece plana porque 1) con el tamaño que tienes no estás lo suficientemente lejos, y 2) no eres lo suficientemente grande en relación con la Tierra como para notar cualquier tipo de curvatura. Es un hecho fundamental del cálculo y de la geometría no euclidiana que pequeñas secciones de grandes superficies curvas siempre parecerán planas para las pequeñas criaturas que se arrastran sobre ellas.

Sin embargo, todo esto es tan solo el síntoma de un problema más grande. Hay una creciente veta antiintelectual en este país que podría ser el principio del fin de nuestra democracia informada. Por supuesto, en una sociedad libre uno puede y debe pensar lo que quiera. Y si tú quieres creer que el mundo es plano, adelante. Pero si piensas que el mundo es plano y tienes influencia sobre otras personas, estar equivocado se convierte en dañino para la salud, la riqueza y la seguridad de la ciudadanía.

Los descubrimientos y la exploración nos sacaron de las cavernas, y cada generación se beneficia de lo que aprendieron las generaciones previas. Isaac Newton dijo: «Si he visto más lejos es porque me alcé sobre hombros de gigantes». Así que es cierto, B. o. B.: si te alzas sobre los hombros de los que vinieron antes, quizá puedas ver lo suficientemente lejos como para darte cuenta de que la Tierra no es plana, f%@#king flat.

Por cierto, esto es lo que se llama *gravedad*...
[Mic drop]

ESTÚPIDO ASTROFÍSICO

Sin que lo hubiera instigado ningún incidente importante, el conductor de un programa de radio conservador, bloguero y periodista de un diario local de la ciudad de Idaho Falls publicó un artículo en agosto de 2016 con una crítica traviesa a todo lo que hago con el título «Neil deGrasse Tyson Is a Horse's Astrophysicist» [Neil deGrasse Tyson es un estúpido astrofísico]. Dicho artículo estaba repleto de las típicas burlas que aparecen cuando personas de lados opuestos del espectro político se enfrentan en el cuadrilátero de las redes sociales. Su panfleto me tachaba de ateo liberal y cuestionaba mi posición académica, así como mis declaraciones sobre el cambio climático. También criticaba un tuit mío que hacía referencia al medallero de los Juegos Olímpicos, que se estaban celebrando en ese momento, ya que yo había declarado que, per cápita, algunos países más pequeños nos estaban pateando el trasero. Él percibía esta y muchas otras tendencias liberales como antiestadounidenses. Su nombre es Neal Larson y fui el primero en responderle en la sección de comentarios.

Martes, 23 de agosto de 2016
(Hilo de comentarios)

Hola, Neal:
Antes que nada, te perdono por no escribir mi nombre correctamente.
En segundo lugar, y más importante, no me molesta que me tilden de estúpido (¡qué juego de palabras!)* con tal de que se basen en información verídica. Así que lo que debemos hacer es sustraer la información falsa de tu artículo y luego revaluar con qué

---

* En inglés, *a horse's astrophysicist*, un juego de palabras un poco básico; *horse's ass* significa «estúpido». *(N. de la t.).*

nombre eliges llamarme. Si todavía se justifica «estúpido astrofísico», que así sea.

1. Para tu información, la perspectiva cósmica tiene todo que ver con echar un segundo vistazo a lo que en la superficie parece ser importante, especial, bueno para el ego, etcétera. El conteo de medallas olímpicas no es inmune a este análisis. De hecho, una medida incluso mejor son las medallas en función del producto interior bruto (PIB) per cápita. Esto te mostrará lo eficiente que es un país al gastar su riqueza en la excelencia atlética. El tuit, aunque se basaba solo en la población, era un jocoso ruego de que ganáramos incluso más medallas de las que hemos obtenido.

2. Soy agnóstico y rechazo activamente la etiqueta de ateo, como pueden atestiguar mis múltiples vídeos en línea. Entre ellos, hay uno que tiene ya más de tres millones de visitas.

3. La gente que niega el cambio climático inducido por los seres humanos está muy mal informada. Esta postura no es ni liberal ni conservadora en términos políticos. Está basada en los hechos. Aunque se podría argumentar que, en esta discusión, los verdaderos conservadores son todos los que quieren salvaguardar el medioambiente.

4. Utilizas la palabra *liberal* como etiqueta para caracterizar mi política. Ya que no tengo una postura política pública, es algo difícil de definir. Los que niegan el cambio climático están mal informados. Pero también lo están las personas que creen que las vacunas provocan autismo. Y también quienes piensan que los alimentos modificados genéticamente te hacen daño. Esas posturas que niegan la ciencia cruzan las fronteras de lo político.

5. He sido nombrado en tres ocasiones por el presidente George W. Bush y trabajé en comisiones para aconsejarlo sobre el futuro de la industria aeroespacial estadounidense, sobre la

NASA y sobre los ganadores de la Medalla Presidencial de las Ciencias que se otorga cada año. Por lo tanto, que tú no apruebes mis puntos de vista no es algo que compartan otras personas del espectro conservador.

6. Finalmente, los resultados de mi investigación como científico no están escondidos. En mi página web puedes encontrar un enlace con la lista de todas mis publicaciones.

Así que, cuando tomes en cuenta (o simplemente sustraigas) todos estos elementos de tu texto, si lo que queda todavía justifica que me llames «estúpido», como ya te dije, no tengo problema con ello.

Respetuosamente,

Neil deGrasse Tyson,
ciudad de Nueva York

P. D. Al final, Neal Larson se mostró arrepentido y contrito después de mi respuesta, tanto en público como en privado, y desde entonces nos hemos vuelto amigos por correo electrónico. Es conductor de *The Neal Larson Show* en la radio y en pódcast, y sigue escribiendo columnas periodísticas ocasionalmente.

Al que no sabe de vacas...

Después de que publicara este tuit el domingo 7 de agosto de 2017, Moby, el popular músico (y activista vegano), lanzó un ataque filoso desde su cuenta de Instagram.

Neil deGrasse Tyson ✔
@neiltyson

A cow is a biological machine invented by humans to turn grass into steak.

6:38 PM · Aug 7, 2017

26.4K Retweets   **87.6K** Likes

«Una vaca es una máquina biológica inventada por los humanos para convertir el pasto en bistec».

(Por Instagram)

A veces, uno de tus héroes te rompe el corazón. Neil deGrasse Tyson, ¿en serio? ¿Puedes tuitear eso y tomar a la ligera el sufrimiento indescriptible que experimentan los cientos de miles de millones de animales que matan los humanos cada año? ¿O el hecho de que las explotaciones animales causen el 90 % de la deforestación de la selva tropical y contribuyan hasta el 45 % del cambio climático?

¿O que, según la Organización Mundial de la Salud y la Facultad de Medicina de Harvard, una dieta alta en productos animales conlleve enfermedades cardiacas, cáncer y diabetes? Para ser un físico inteligente, Neil deGrasse Tyson, suenas como un sociópata ignorante.

Moby

Mi respuesta...

Viernes, 18 de agosto de 2017
(Mensaje de Facebook)

Moby contra Tyson

La intención de mi tuit sobre las vacas era exponer una dura realidad: una vaca no es un artefacto mecánico. Es una «máquina» biológica. Una máquina biológica con un solo propósito (en realidad dos, claro, si la incluyes como fuente de leche), y ese propósito es comer pasto (o, por supuesto, otras provisiones alimentarias), crecer mucho y que la maten para convertirse en alimento. En general, las personas no las tienen como mascotas. Las vacas no rescatan a la gente que está en problemas. No asisten a los discapacitados. Y es patente que las vacas no existen en el mundo salvaje. Nunca han existido en el mundo salvaje. Los granjeros hicieron ingeniería genética con ellas hace diez mil años a partir de los uros, que son similares a los bueyes y que ya se extinguieron, al servicio de la civilización.

Así que mi tuit es cien por cien certero y preciso. La intensidad de las reacciones a este me dice que la gente supuso que yo estaba tratando de convencerla para estar de acuerdo con mi opinión. Pero el tuit es fundamentalmente neutral en términos de opinión. Me parece curioso que solo unas cuantas personas tuvieran la reacción opuesta al tuit, diciendo lo diabólicos que somos al hacer esto con los animales y que deberíamos parar.

Observé algo parecido cuando publiqué este tuit de opinión neutral después de un aterrador tiroteo en una escuela hace unos años:

Neil deGrasse Tyson ✔
@neiltyson

In Walmart, America's largest gun seller, you can buy an assault rifle. But company policy bans pop music with curse words.

3:00 PM · Dec 22, 2012

13.9K Retweets   **3.1K** Likes

«En Walmart, el vendedor de armas más grande de Estados Unidos, puedes comprar un rifle de asalto. Pero la política de la empresa prohíbe la música pop que contenga groserías».

La reacción que siguió fue muy iluminadora para mí. Después de suponer que yo era un comentarista que forzaba la opinión de los demás, enojada, la gente lo interpretó a su manera y juzgó mis intenciones. Las reacciones se dividieron de modo parejo entre los que pensaban que yo defendía (o atacaba) el mercado libre, la protección de la libertad de expresión amparada por la primera enmienda o la protección de la posesión de armas amparada por la segunda enmienda. Un porcentaje menor de personas (tal vez un 20 %) lo leyó tal y como estaba escrito, y tuvieron reacciones como «gracias, ¡jamás me había percatado de esa inconsistencia!».

Si a alguien le importa mi opinión, quiero subrayar que en los países fundados en la libertad (donde hay resistencia al control del Gobierno sobre su ciudadanía, como en Estados Unidos), podría ser más fácil crear soluciones a problemas que lograr que cien millones de personas cambien su comportamiento. Una posible solución, en la que ha habido un gran progreso, es la manufactura de proteínas cárnicas elaboradas en laboratorio: una persona puede disfrutar de un bistec que nunca salió de una criatura viva: un tema explorado en un episodio muy popular de *StarTalk* del que fui conductor, en el que participaron la inigualable Temple Grandin y Paul Shapiro, vicepresidente de Humane Society.

Así que no sé exactamente qué decirle a la gente que reacciona explosivamente frente a las verdades objetivas y ataca a la persona que aporta la información. Pero lo que me queda claro es que hoy vivimos en un mundo donde las diferencias de opinión llevan a peleas en vez de a conversaciones.

NEIL DEGRASSE TYSON,
ciudad de Nueva York

P. D. Moby se disculpó después y calificó su publicación de Instagram como «innecesariamente dura».

Deja en paz a DeGrasse

En agosto de 2009 me reprendió Nzingha Shabaka por conservar (y usar) mi segundo nombre francés. Le parecía inaceptable para su sensibilidad afrocéntrica, pues veía los nombres coloniales como una muestra de la baja autoestima en la comunidad afroamericana. Yo trato de elegir mis batallas, como seguramente indica mi respuesta.

Querida señorita Shabaka:

Gracias por compartir sus preocupaciones tan apasionadas, pero sigo convencido del aforismo de Shakespeare: «Eso que llamamos rosa, con cualquier otro nombre olería igual de dulce».

Me parece que todos deberíamos trabajar con ganas para asegurarnos de que la sustancia importe más que las etiquetas: esa es la sociedad por la que me esfuerzo y en la que quiero vivir.

Le deseo lo mejor.

NEIL DEGRASSE TYSON

Noches de Hollywood

Miércoles, 22 de julio de 1998
(Artículo de opinión, *The New York Times*)

Ahora que la ciudad de Nueva York está relativamente a salvo de los asaltantes, Hollywood ha recurrido a monstruos y meteoritos para desatar los miedos del fin del mundo entre los cinéfilos urbanitas. Pero, a diferencia de las comedias románticas o de los *thrillers* de acción y aventura, la mayoría de las películas de desastre recurren, por conveniencia, a la ciencia para sus argumentos. Los virus mortales, el ADN fuera de control, los alienígenas malvados y los asteroides asesinos son temas comunes en películas recientes.* Desafortunadamente, la consistencia científica de una película casi nunca está a la altura de su trama.

¿Soy el único al que esto le importa?

No me refiero a simples errores, como cuando un centurión romano por casualidad lleva puesto un reloj de pulsera. Esos errores son involuntarios. Estoy hablando de ignorancia, como invertir la puesta del sol para fingir que has filmado un amanecer. No son sucesos simétricos en el tiempo. ¿Los profesionales del cine tienen demasiado sueño como para despertarse antes de que salga el sol y conseguir imágenes de verdad? ¿Y por qué los meteoritos de las películas tienen tan buena puntería? La superficie de la Tierra es un 70 % agua y está despoblada en más del 99 %, pero un meteorito amenaza al edificio Chrysler en una de las películas de este verano.

¿Y por qué será que James Cameron se tomó el tiempo para hacer que cada detalle inimaginable fuera correcto en su película *Titanic* —desde los remaches hasta los camarotes de lujo o la vajilla de la cena—, pero hizo mal el cielo nocturno? En realidad, se acercó bastante: se muestra por encima lo que podría ser la constelación de la Corona Boreal (o Corona del Norte) esa noche fatídica, pero tiene el número incorrecto de estrellas. Y, peor que eso, la mitad izquierda del cielo es un reflejo en espejo de la mitad derecha. Así que no solo es una mala representación del universo, sino que está hecha con pereza.

Pero ¿por qué? Apuesto a que investigaron el vestuario para que fuera acorde con la moda del periodo. Si hubiera alguien a bordo vestido con collares de cuentas de cristal, pantalones acampanados y un peinado afro gigante, el público se habría quejado vehementemente de que Cameron no hubiera hecho bien su trabajo. ¿Acaso mis protestas se justifican menos?

Mis quejas no atañen solo a Hollywood. ¿Qué pasa con esas

* En concreto, *Armagedón*, Michael Bay, Touchstone Pictures, 1998, y *Contact*, Robert Zemeckis, Warner Bros., 1997

estrellas majestuosas en el techo de la terminal Grand Central de Nueva York? En vez de admitir simplemente que las constelaciones quedaron al revés por error, había un letrero en el vestíbulo durante la renovación que nos decía: «Aunque se diga que está al revés, [el techo] en realidad se ve desde un punto de vista que está fuera de nuestro sistema solar». Ahora se ha cometido un segundo error en un intento de cubrir el primero: ningún punto de vista de nuestra galaxia invertiría los patrones de constelaciones del cielo nocturno de la Tierra. A medida que vas dejando el sistema solar y viajas entre las estrellas, lo único que les sucede a las constelaciones de la Tierra es que quedan «revueltas», completamente irreconocibles.

Lo que la sociedad necesita son críticos de cine que tengan conocimientos científicos. ¿Por qué habría de limitarse un crítico a decir cosas como «los personajes ponen a prueba nuestra credulidad» o «los elementos tonales chocan con el sabor emocional de la escenografía»? Por una vez quiero oír que un crítico diga: «Los ovnis no necesitan luces para aterrizar» (como los mostraban en *Encuentros en la tercera fase*),* o «las fases de la Luna crecieron en el sentido equivocado» (como sucedió en *Tres mujeres para un caradura*)** o «un asteroide del tamaño de Texas se habría descubierto hace doscientos años» (como el que se muestra en *Armagedón*). Solo entonces el público podría comenzar a apreciar el papel que desempeñan las leyes de la física en la vida cotidiana.

Si quieres escribir un libro, hacer una película o involucrarte en un proyecto de arte público, y si ese trabajo hace referencia al mundo natural, lo único que te pido es que llames al científico de tu barrio y que hables con él o con ella al respecto. Cuando buscas «licencia científica» para distorsionar las leyes de la naturaleza, preferiría que lo hicieras sabiendo la verdad, en vez de que inventes

---

* *Encuentros en la tercera fas*e, Steven Spielberg, Columbia Pictures, 1977.
** *Tres mujeres para un caradura*, Mick Jackson, TriStar Pictures, 1991.

una trama llena de ignorancia. Tal vez te sorprenda saber que la ciencia válida puede añadir elementos fértiles a tu narración, sea o no tu objetivo artístico destruir el mundo.

NEIL DEGRASSE TYSON,
ciudad de Nueva York

EPÍLOGO

Una especie de panegírico

CARTA A PAPÁ*

Sábado, 21 de enero de 2017
(Comentarios del banquete fúnebre)

Querido papá:

Gracias por ofrecerme toda una vida de sabiduría tomada de momentos, circunstancias e incidencias de tu vida. Con tu permiso, compartiré algunos ejemplos que para mí superan a todos los demás.

Nunca se me ha olvidado la historia de tu profesor de gimnasia de bachillerato, que destacó que tu constitución física no te permitiría ser un buen corredor de atletismo. ¿Tu reacción? «Nadie me va a decir qué no puedo hacer con mi vida». De inmediato empezaste a correr. También corriste en el estadio de Berlín, construido por Hitler, durante las Olimpiadas de 1946. El mundo de la posguerra todavía no estaba listo para los Juegos Olímpicos tradicionales, así que este programa especial puso a competir a soldados atletas de varios escenarios de guerra de todo el mundo. Y cuando llegaste a la universidad te

---

* Basado en un panegírico presentado a amigos y familiares en la iglesia católica de la Santísima Trinidad de la ciudad de Nueva York.

volviste un atleta de categoría mundial en las carreras de media distancia, logrando en una ocasión el quinto tiempo más veloz del mundo en carreras de medio fondo. Al tomar tu ejemplo para inspirarme, he superado las presiones sociales más negativas que frenaban las ambiciones de mi vida.

Nunca he olvidado la historia de tu mejor amigo Johnny Johnson, también una estrella del atletismo, quien participó en una competición contra el Club de Atletismo de Nueva York. En aquella época, por supuesto, solo admitían a gente blanca, anglosajona y protestante, así que los atletas afroamericanos o judíos competían como miembros del mismo equipo en el Pioneer Club fundado con ese propósito. Johnny estaba dando su última vuelta de cuarto de milla y le llevaba varios pasos de ventaja a un corredor del Club Atlético de Nueva York, cuando oyó que el entrenador le gritaba de forma audible a su corredor: «¡Atrapa al negro!» [sic]. La respuesta que Johnny dijo para sí fue simple y directa: «¡A este negro no lo atrapa nadie!», y aumentó su ventaja hasta la meta. Lo que hoy llamaríamos microagresiones en ese entonces se aprovechaban como inspiración para sobresalir. A partir de su ejemplo, he utilizado ocasiones similares en mi vida para ir incluso más allá de las expectativas que tengo para mí.

Hablabas del trabajo de costurera de mi abuela inmigrante. Del trabajo de mi abuelo como vigilante nocturno para la empresa de servicios de alimentos Horn & Hardart; por suerte, porque a veces traía sobras a casa cuando no había mucho dinero. Tus relatos sobre los conflictos nunca estaban llenos de odio. Nunca eran amargos. Estaban llenos de esperanza y eran inspiradores, transmitidos con la confianza titubeante de que el arco social seguirá doblándose hacia el lado de la justicia. Confío en esa visión del futuro de la sociedad cada día de mi vida.

Estudiaste mucho en la escuela, y llevaste tu interés por la justicia social hasta tu nombramiento como comisionado del alcalde Lindsay para la Administración de Recursos Humanos de la ciudad de Nueva York. Los periodistas no escriben artículos sobre noticias que no suce-

den, pero los programas que tú hiciste posibles en los barrios pobres, empoderando a los jóvenes durante los explosivos años de finales de la década de 1960, garantizaron que cualquier tipo de agitación o disturbio fuera leve. Y, en efecto, Nueva York estuvo tranquilo comparado con lo que sucedió en Watts, Newark, Detroit, Cincinnati, Milwaukee y, especialmente, en Chicago, Washington D. C. y Baltimore, donde llamaron a las tropas federales para aplacar la violencia. Trabajaste tras bambalinas por todo ello, y tu única recompensa fue la conciencia callada de que la ciudad más grande de la nación no ardió durante los años más turbulentos de la década más turbulenta de la historia estadounidense desde la guerra civil. Esforzarse por hacer lo correcto sin fijarte en quién prestaba atención debería ser un ejemplo para todos nosotros.

Tus historias y tus puntos de vista sobre cómo conducirte con la gente, la política, las vías de financiación y los legados de las instituciones influyeron profundamente en mis esfuerzos (exitosos) de crear de cabo a rabo un flamante Departamento de Astrofísica en el Museo Americano de Historia Natural. Me enseñaste que en la vida no basta con tener razón; también hay que ser eficaz. Por eso ahora cuento la creación de ese departamento como uno de los más grandes logros de mi carrera profesional.

Así que, papá, esta carta de agradecimiento tras tu muerte es simplemente un anuncio público de lo que ya te he agradecido en vida: dotarme de los principios rectores para vivir mi vida plenamente, y en el camino, cada vez que sea posible, disminuir el sufrimiento de los demás.

Sé que te echaré de menos, porque ya lo hago.

Cyril deGrasse Tyson,
octubre de 1927-diciembre de 2016

16 August 1982

Dear Dad & Mom,

This month I am to receive
my masters degree in Astronomy;
A major achievement of my life which cannot pass
Without the due acknowledgement of two of the most
Warm, caring, and rational people I know.

Central elements of my personality, character,
wisdom and perspective
Are traceable to each of you.
Throughout my twenty-three year quest for the cosmos
You have never failed to keep my feet on the earth;
To promote my awareness of the aged,
The crippled, the blind, and the other
Inequities of life and of society.
All the while, your unfatiguing tolerance
Of my interests has found you
Driving many miles for "that particular lens"
Or assisting the transport of my telescopes
In and out of cars, to and from the fields
and up and down stairs.

My life has taken me many places;
From twenty-two stories over the Bronx to
a snow-carved circle in Peacock Farm,
From the plains of Mojave Desert to
the summit of Mount Locke,
From the Bronx High School of Science to
the Harvard College Observatory,
And from Bell Telephone Laboratories to
the University of Texas at Austin.
Let there be no doubt that I continually felt
your guidance ahead of me,
your support behind me and
your love beside me.
For the next thirty years may you share eachother
The way you have shared yourselves with me.
Happy Anniversary.

~Neil~

AGRADECIMIENTOS

Quiero agradecer a mi agente literaria, B. Lerner, su apoyo y entusiasmo desde el principio hasta el final de este proyecto. También doy las gracias a L. Mullen por el constante trabajo de archivo para poder preparar este libro, junto con mis asistentes de oficina M. Gambardella y E. Stachow, quienes me ofrecieron apoyo incondicional a cada paso. Además, quiero agradecer a mi editor J. Glusman, de W. W. Norton, quien sigue valorando nuestra relación editorial. Asimismo, quiero reconocer a N. Reagan y T. Disotell por su pericia antropológica, y a S. Soter por su lectura crítica de todo el manuscrito. Más importante aún, mi gratitud a todas las personas cuyas cartas se incluyeron por haberme dado permiso de reproducir nuestra correspondencia. Algunas de las preguntas son personales y delicadas, y abordan los caminos desafiantes y veleidosos que seguimos hacia la felicidad y el éxito. Su inclusión en este volumen podría beneficiar a otros que, en el transcurso de la vida, enfrentan trayectorias idénticas o parecidas.

Impreso en España

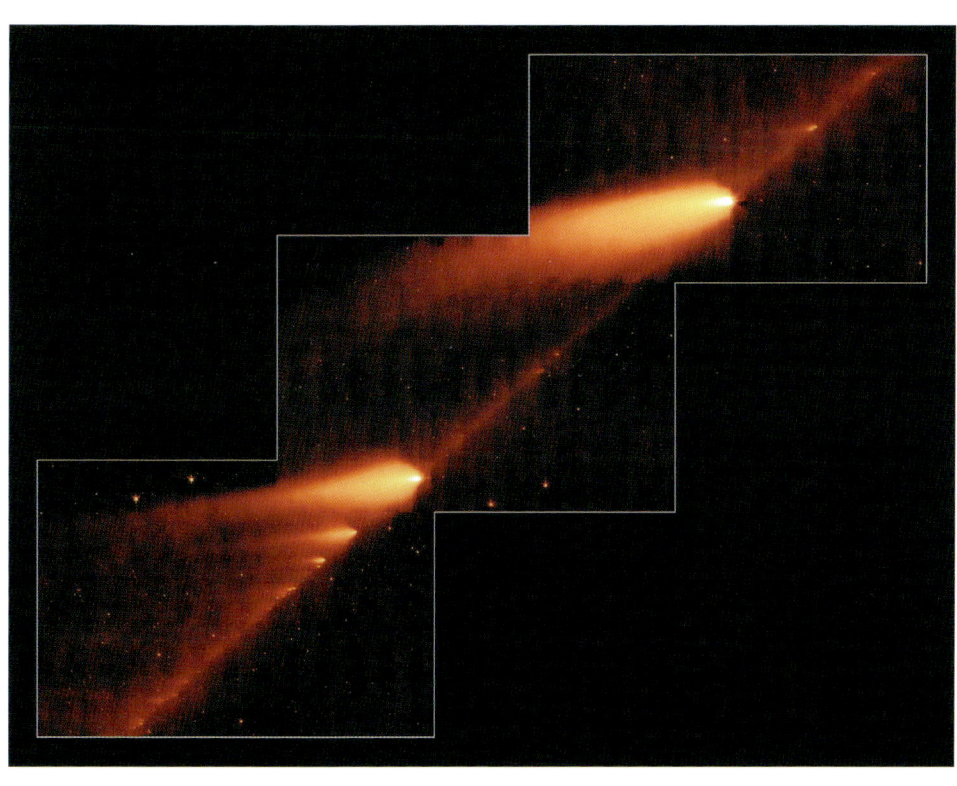

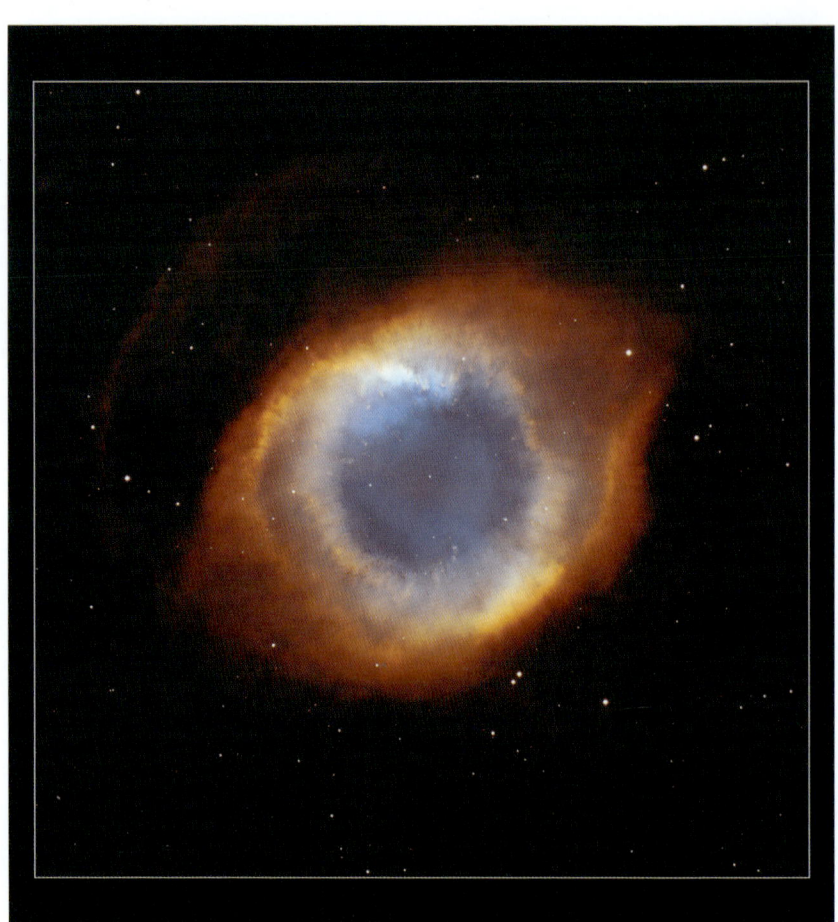